FORSCHUNGSBERICHTE
DES WIRTSCHAFTS- UND VERKEHRSMINISTERIUMS
NORDRHEIN-WESTFALEN

Herausgegeben von Staatssekretär Prof. Leo Brandt

Nr. 329

Dipl.-Ing. Arnold Krüger
Feuerwehringenieur Rudolf Radusch

Forschungsstelle für Feuerlöschtechnik an der Technischen Hochschule Karlsruhe

Wasserzerstäubung im Strahlrohr

Als Manuskript gedruckt

SPRINGER FACHMEDIEN WIESBADEN GMBH

ISBN 978-3-322-98327-5   ISBN 978-3-322-99056-3 (eBook)
DOI 10.1007/978-3-322-99056-3

Forschungsberichte des Wirtschafts- und Verkehrsministeriums Nordrhein-Westfalen

G l i e d e r u n g

Vorwort	S. 5
I. Die Entwicklung des Wasserstaub-Löschverfahrens	S. 6
II. Betrachtungen über das Wasserstaub-Löschverfahren	S. 7
1. Defination des Begriffs "Wasserstaub"	S. 7
a) Wasserstaubstrahl - Sprühstrahl	S. 7
b) Mittlere Tropfengröße	S. 8
2. Wasserzerstäubung	S. 12
a) Zerstäubungsarbeit und Düsenaustrittsgeschwindigkeit des Wassers	S. 12
b) Tropfenstabilität und Tropfengeschwindigkeit	S. 15
3. Grundlagen der Zerstäubung	S. 16
a) Düsenformen	S. 16
b) Strahlzerfall	S. 18
4. Einsatzmöglichkeiten des Wasserstaubstrahls	S. 22
a) Allgemeines	S. 22
b) Löschung von Bränden in elektrischen Anlagen	S. 24
c) Schutz des Strahlrohrführers	S. 24
d) Kühlung brennender Tanks	S. 25
e) Schutz brandgefährdeter Dächer, Tanks usw.	S. 25
5. Löschwirkung des Wasserstaubs	S. 26
a) Allgemeines	S. 26
b) Wärmeübergang von Wassertropfen an Luft	S. 27
III. Löschversuche	S. 36
1. Löschversuche bei Flüssigkeitsbränden	S. 36
2. Löschversuche bei Holzbränden	S. 39
IV. Bedingungen und Untersuchungen des Wasserstaubstrahls	S. 40
1. Allgemeines	S. 40
2. Erforderlicher Wasserfluß und Wasserflußmessungen	S. 40
3. Wurfweite von Wasserstaubstrahlrohren	S. 41
a) Allgemeines	S. 41
b) Theoretische Berechnung der Wurfweite von Wassertropfen	S. 42
c) Wurfweitenmessungen	S. 51
1) Lichtbild-Auswertung	S. 51

       2) Aufnahme des Wasserbildes am Boden . . . . S. 52

       3) Auffangen des Wasserstaubes auf einer senkrecht zum
          Strahlrohr stehenden Fläche . . . . S. 54

4. Düsenbeaufschlagung . . . . S. 59

5. Messung der Tropfenenergie . . . . S. 60

   a) Strahlrohrrückdruckmessungen . . . . S. 60

   b) Messung der Auftreffwucht . . . . S. 62

6. Tropfengrößenmessungen . . . . S. 63

7. Auflösung von Nadelstrahlen . . . . S. 66

V. Schlußzusammenfassung . . . . S. 68

VI. Literaturverzeichnis . . . . S. 71

Forschungsberichte des Wirtschafts- und Verkehrsministeriums Nordrhein-Westfalen

Vorwort

Obwohl auch in Deutschland die Sprinkler-Anlagen, die das Löschwasser in zerstäubter Form zum Einsatz bringen, seit langem bekannt sind, und auch während des 2. Weltkrieges Zerstäubungsstrahlrohre entwickelt worden waren, löste es doch eine große Überraschung aus, als nach dem Kriege das Wasser-Nebel-Löschverfahren (Fog) von Amerika zu uns kam, das jedoch bis heute bei uns noch nicht Allgemeingut der Feuerwehren geworden ist. Um mit Nachdruck dieses neue Löschverfahren empfehlen zu können, und zur Erfassung der Grenzen der Anwendungsmöglichkeiten, um keine Enttäuschungen zu erleben, wurden umfangreiche Forschungsarbeiten für notwendig erkannt und von der Forschungsstelle für Feuerlöschtechnik an der Technischen Hochschule Karlsruhe in Angriff genommen.

Dem Herrn Minister für Wirtschaft und Verkehr des Landes Nordrhein-Westfalen gebührt der Dank für die Bezuschussung des Forschungsvorhabens. Auch dem Bundeswirtschaftsministerium sei an dieser Stelle für die Bereitstellung von ERP-Mitteln gedankt, die für die Anschaffung eines Teils der benötigten Geräte Verwendung fanden. Die Durchführung der Spritzversuche war nur durch das Entgegenkommen der Landesfeuerwehrschule Bruchsal möglich, die auch eine Versuchshalle zur Verfügung stellte. Im Freien durchgeführte Versuche ergeben keine Reproduzierbarkeit und sind daher nur im bedingten Umfang auswertbar.

Das vorliegende Forschungsvorhaben, das noch nicht abgeschlossen werden konnte, mußte zunächst mit einem ausführlichen Literaturstudium begonnen werden. An diese schlossen sich dann im Rahmen der gegebenen Möglichkeiten eigene Versuche an.

Die Verfasser

Forschungsberichte des Wirtschafts- und Verkehrsministeriums Nordrhein-Westfalen

I. Die Entwicklung des Wasserstaub-Löschverfahrens

Bereits 1939 wurde im Tagungsbericht Nr. 2/90 des ≫U.S. National Board of Fire Underwriters, Committee in Fire Prevention and Engineering Standards≪ (1) im Zusammenhang mit den Löscherfolgen der Sprinkler-Systeme darauf hingewiesen, daß der Einsatz von Nebel- (Fog) und Sprühdüsen (Spray) bei Keller- und Wohnungsbränden durch die Feuerwehren ausreichend günstige Erfahrungen gebracht habe. Nach diesem Hinweis begannen in Amerika systematische Forschungen, nachdem vorher die Argumente für und wider das Wasserstaub-Löschverfahren zum größten Teil auf persönlichen Urteilen beruhten und nur wenige zuverlässige und nachprüfbare Daten zur Verfügung standen. A.S. HIRST (2) berichtete 1942 ausführlich über die Einsatzmöglichkeiten des Sprühstrahlverfahrens, sowohl für stationäre Anlagen als auch für den praktischen Feuerwehreinsatz, und über verschiedene Düsenformen. Ein Jahr später referierte R.W. HENDRICKS (3) auf der 47. Jahrestagung der ≫National Fire Protection Association≪ in Chicago (10. - 13. Mai 1943) über den Schutz von Stahlplatten, vor denen ein Benzinfeuer entfacht worden war, durch Wassernebel (Fog). Im gleichen Jahr wurden in England umfangreiche Versuche über das Löschen von Ölbränden durchgeführt (4). Seit dieser Zeit sind in der amerikanischen und englischen Literatur laufend Veröffentlichungen über das Löschen mit Wasserstaub (Spray) und Wassernebel (Fog) zu finden. Auf die bedeutendsten dieser Arbeiten wird im weiteren Verlauf der Ausführungen hingewiesen werden.

In Deutschland wurde das Wasserstaub-Löschverfahren erstmals im November 1948 deutschen Feuerschutzexperten von amerikanischen Militär-Feuerwehrdienststellen auf der Schule in Murnau/Obb. an Versuchsbränden von Mineralölen, Flugzeugwracks etc. vorgeführt (5). In den darauf folgenden Jahren wurden von der Industrie die verschiedensten Düsenkonstruktionen entwickelt. Doch erst vier Jahre später, am 17.10.1952 trat, nachdem die ersten Vorarbeiten von der Forschungsstelle für Feuerlöschtechnik geleistet worden waren, zum erstenmal in der Forschungsstelle der Unterausschuß "Wasserzerstäubung" im Arbeitsausschuß "Sonderlöschmittel und Sonderlöschverfahren" des Fachnormenausschusses Feuerlöschwesen (FNFW) und der Vereinigung zur Förderung des deutschen Brandschutzes e.V. (VFDB) zusammen, um Richtlinien für die Konstruktion für Wasserstaubstrahlrohre aufzustellen. Später beschäftigte sich dann auch der Arbeitsausschuß

Forschungsberichte des Wirtschafts- und Verkehrsministeriums Nordrhein-Westfalen

"Armaturen" im FNFW mit dem Entwurf eines Normblattes, das Konstruktionsmerkmale und Abnahmebedingungen festlegte. Die Arbeiten wurden jedoch bisher noch nicht zum Abschluß gebracht, da von keiner Stelle ausreichende Mittel für die Durchführung der noch erforderlichen Versuchsarbeiten aufgebracht werden konnten. Brandstellenerfahrung allein genügt nicht, um endgültige Forderungen aufstellen zu können. Sie kann es auch garnicht, da bei einem zufällig irgendwo ausbrechenden Brand einerseits genaue, von besonderen Einflüssen freie Messungen und Beobachtungen sich nicht ohne weiteres vornehmen lassen, und andererseits die Hauptaufgabe der zuerst anwesenden Löschkräfte darin besteht, das Feuer so schnell wie möglich zu löschen. Die Durchführung umfangreicher Versuchsreihen im Labor und bei größeren Versuchsbränden ist somit unerläßlich.

II. Betrachtungen über das Wasserstaub-Löschverfahren

1. Defination des Begriffs "Wasserstaub"

a) Wasserstaubstrahl - Sprühstrahl

Das neue Löschverfahren kam unter der Bezeichnung "Fog" aus Amerika zu uns und wurde dementsprechend in Wassernebel-Löschverfahren übersetzt. Da jedoch bei dieser Übersetzung keine Übereinstimmung mit der physikalischen Definition des "Nebels" gegeben ist, wurde von der Forschungsstelle der Ausdruck "Wasserstaub" vorgeschlagen (6) (der Ausdruck Wassernebel wäre vielleicht vom kolloidchemischen Standpunkt aus gesehen vertretbar). Der Ausdruck Wasserstaub dürfte sich inzwischen in Deutschland allgemein eingebürgert haben, sodaß er auch für die vorliegende Arbeit gewählt wurde. J.F. FRY und P.M.T. SMART befaßten sich mit den aus dem Amerikanischen übernommenen Ausdrücken "Fog", "Mist" und "Spray" (7). Sie wiesen auf die Verwirrung hin, die durch die Vielzahl der Ausdrücke entstanden sei und brachten zum Ausdruck, daß die Bezeichnungen "Spray", "Fog" und "Mist" allgemein für die Bezeichnung zerstäubter Flüssigkeiten Anwendung finden, ohne damit eine Kennzeichnung der Tropfengröße zum Ausdruck zu bringen. In Amerika wäre "Fog" und in England "Spray" am gebräuchlichsten. So ist auch im ≫concise oxford dictionary≪ unter "Spray" zu finden: Water or other liquid flying in small drops from force of wind, dahing of waves or action of atomizer. FRY und SMART schlugen für England die Ausdrücke "Fine", "coare" und "medium" sprays vor, wobei zu verstehen wäre unter feinem

Sprühstrahl: Mehrheit der Tropfen unter 0,2 mm ⌀ (200 μ) mittlerem Sprühstrahl: Mehrheit der Tropfen zwischen 0,2 und 0,4 mm ⌀ groben Sprühstrahl: Mehrheit der Tropfen über 0,4 mm ⌀ (400 μ). Diese Autoren vermuten, daß die allgemein angewandten "Zerstäuber"-Strahlrohre für Feuerlöschzwecke Tropfen von etwa 0,2 bis 0,4 mm ⌀ erzeugen.

Der von der Forschungsstelle für das neue Löschverfahren vorgeschlagene Ausdruck "Wasserstaub" würde den Gegensatz zu dem bisher in Deutschland üblichen "Sprühstrahl" zum Ausdruck bringen. Wir erachten diese Unterscheidung, zumal noch nicht abschließend geklärt werden konnte, welche Tropfengröße für die Brandlöschung am vorteilhaftesten sein dürfte, zweckmäßiger als eine Dreiteilung und würden unter Wasserstaub einen mittleren Tropfendurchmesser von 0,1 bis 1,0 mm verstehen, und unter Sprühstrahl einen aufgelösten Strahl mit einem mittleren Tropfendurchmesser von über 1,0 mm. Die bisherigen Versuchsergebnisse deuten daraufhin, daß der günstigste Tropfendurchmesser zwischen 0,1 bis 1,0 mm liegen dürfte.

b) Mittlere Tropfengröße

Ausgehend von der Erfahrung, daß es keine Zerstäubungsdüse gibt (abgesehen von Spezialvorrichtungen für Versuchszwecke, die jedoch für den praktischen Feuerwehreinsatz nicht geeignet sind (8-9)), welche eine einheitliche Tropfengröße liefert, ist es erforderlich, den Zerstäubungsgrad einer Düse zu definieren. Die durch Ausmessung der einzelnen Tropfen erhaltenen Tropfenverteilungskurven geben Aufschluß über die Zusammensetzung des Tropfengemisches. Aus der Tropfenverteilungskurve hat die Bewertung der Güte der Düse zu erfolgen. Gewöhnlich geschieht dies unter der Bezeichnung "mittlerer Tropfendurchmesser". So naheliegend und leicht verständlich der Begriff des "mittleren Tropfendurchmessers" im ersten Augenblick auch erscheinen mag, so stellt es sich bei näherer Betrachtung heraus, daß dieser Begriff durchaus nicht eindeutig ist. Je nach den zugrunde gelegten Gesichtspunkten läßt sich eine große Anzahl von "mittleren Tropfendurchmessern" definieren und es ist zu entscheiden, welche Definition d_m im speziellen Fall am Platze ist und den vorliegenden Verhältnissen gerecht wird.

In der Staubtechnik ist man beispielsweise dazu übergegangen, diejenige Korngröße als "mittlere Korngröße" anzusehen, die in Gewichtsprozent 50 und mehr in einer Staubmenge erreicht.

Im Pflanzenschutz, wo es auf die Größe der besprühten (bedeckten) Fläche wesentlich ankommt, hat man den mittleren Tropfendurchmesser als die Größe definiert, die sich aus der verspritzten Flüssigkeitsmenge und dem Gesamtquerschnitt der Tröpfchen ergibt (vgl. Gl. 7).

Allgemein ist es nötig, für die Definition eines "mittleren Tropfendurchmessers" zwei Bedingungen zu stellen. Für ein gegebenes Beispiel der Tropfenverteilung

Tropfendurchmesser d_n (mm)	3	2	1,5	1,0	0,7	0,5	0,4	0,3	0,2
Tropfenzahl i_n	8	24	19	23	11	7	2	3	3

ergeben sich bei der Zugrundelegung von jeweils zwei verschiedenen Bedingungen folgende Werte:

$i_{ges.}$ = gesamte Tropfenzahl = i_n = const.
D_o = gesamter Tropfendurchmesser = $\sum_1^n d_n$ = const.

$$d_{m1} = \frac{\sum i_n \cdot d_n}{i_{ges.}} = 1,36 \text{ mm} \tag{1}$$

$i_{ges.}$ = const.
F_o = gesamte Querschnittsfläche = $\frac{\pi}{4} \cdot \sum_1^n i_n \cdot d_n^2$ = const.

$$d_{m2} = \sqrt[2]{\frac{\sum i_n \cdot d_n^2}{i_{ges.}}} = 1,56 \text{ mm} \tag{2}$$

$i_{ges.}$ = const.
V_o = gesamtes Volumen = $\frac{\pi}{6} \cdot \sum_1^n i_n \cdot d_n^3$ = const.

$$d_{m3} = \sqrt[3]{\frac{\sum i_n \cdot d_n^3}{i_{ges.}}} = 1,57 \text{ mm} \tag{3}$$

$i_{ges.}$ = const.
O_o = gesamte Oberfläche = $\pi \sum_1^n i_n \cdot d_n^2$ = const.

$$d_{m4} = \sqrt[2]{\frac{\sum i_n \cdot d_n^2}{i_{ges.}}} = d_{m2} = 1,56 \text{ mm} \tag{4}$$

Forschungsberichte des Wirtschafts- und Verkehrsministeriums Nordrhein-Westfalen

$$D_o = \text{const.}$$
$$F_o = \text{const.}$$
$$d_{m5} = \frac{d_{m2}^2}{d_{m1}} = 1{,}55 \text{ mm} \tag{5}$$

$$V_o = \text{const.}$$
$$D_o = \text{const.}$$
$$d_{m6} = \sqrt[2]{\frac{d_{m3}^3}{d_{m1}}} = 1{,}69 \text{ mm} \tag{6}$$

$$V_o = \text{const.}$$
$$F_o = \text{const.}$$
$$d_{m7} = \frac{d_{m3}^3}{d_{m2}} = 2{,}48 \text{ mm} \tag{7}$$

$$V_o = \text{const.}$$
$$O_o = \text{const.}$$
$$d_{m8} = \frac{d_{m3}^3}{d_{m4}^2} = \frac{d_{m3}^3}{d_{m2}^2} = d_{m7} = 2{,}48 \text{ mm} \tag{8}$$

Man ersieht aus diesem Beispiel, daß man je nach Ansatz der Rechnung zu erheblich verschiedenen mittleren Tropfendurchmessern kommen kann. Zwischen d_{m1} und d_{m8} beträgt z.B. der Unterschied $(2{,}48 : 1{,}36) \cdot 100 \% = 182{,}2 \%$. Das angeführte Beispiel bringt klar zum Ausdruck, daß man sich unbedingt auf eine Definition einigen muß, um vergleichbare Ergebnisse zu bekommen.

Eine weitere Möglichkeit zur Ermittlung der mittleren Tropfengröße ist in einem graphischen Verfahren gegeben. Es handelt sich hierbei um das in der Zerkleinerungstechnik übliche Verfahren zur Bestimmung des Korngrößenkennwertes. Auf Grund der Rosin-Rammler Gleichungen und weiterer Entwicklungen von SPERLING und von E. PUFFE wurde 1950 ein Körnungsnetz zur graphischen Darstellung und Auswertung von Körnungsanalysen entworfen (10). Auf die nicht ganz einfachen Grundlagen (11-14) dieser statistischen Auswertung braucht hier nicht eingegangen zu werden. Die Handhabung gestaltet sich nach kurzer Einarbeitung sehr einfach. Die sich durch Auftragung der sich addierenden Klassenanteile der Siebrückstände (in %) über der Korngröße ergebende RRS - Geraden (ROSIN-RAMMLER-SPERLING) gibt je nach ihrer Lage das Charakteristikum der Kornverteilung und zeichnet einen Punkt in dem doppelt logarithmischen Netz besonders aus. Dieser Punkt, als Schnittpunkt zwischen der RRS - Geraden und einer Geraden von dem Ordinatenwert von 36,79 % ergibt dann nach I.G. BENNET auf der Abszisse die gesuchte Kenngröße der Kornzusammensetzung. Auf unsere Betrachtungen bezogen könnte man auch auf diese Art einen mittleren Tropfendurchmesser bestimmen. Die parallele Verschiebung der RRS - Geraden durch einen festen Pol A_o des Diagramms läßt außerdem einen Gleichmäßigkeitskoeffizienten des Tropfenspektrums bestimmen. Nach den neuesten Forschungsergebnissen[1] ist jedoch die Richtigkeit der RRS - Geraden sehr umstritten. Die Bestimmung des mittleren Tropfendurchmessers nach dieser Methode für das vorstehende Beispiel ist in Abbildung 1 gezeigt. Es ergibt sich ein mittlerer Tropfendurchmesser von ungefähr 1,9 mm und ein Gleichmäßigkeitskoeffizient (Richtungsfaktor) von 1,88. Je größer der Richtungsfaktor ist, um so gleichmäßiger ist das Tropfenspektrum.

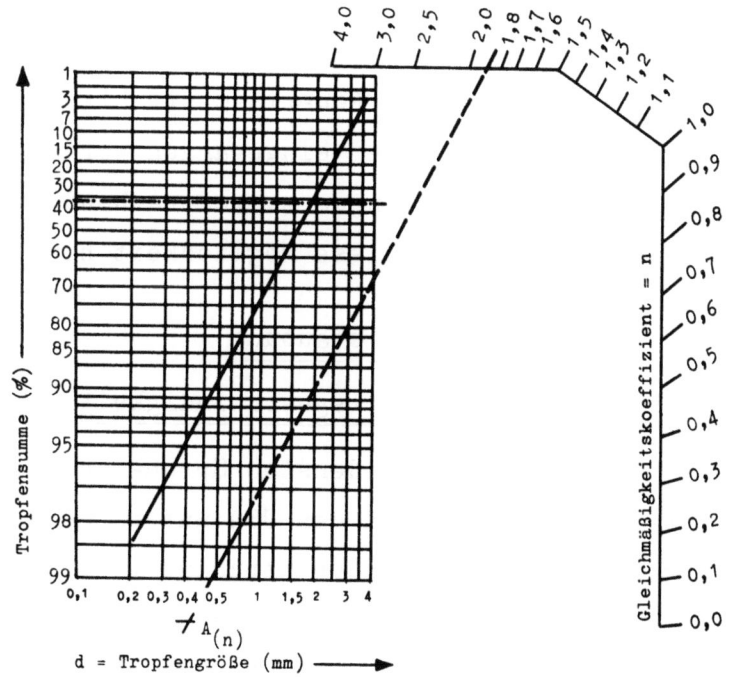

A b b i l d u n g   1

Graphische Ermittelung des mittleren Tropfendurchmessers

---

1. Strömungstagung Göttingen 1955, veranstaltet von der Gesellschaft für angewandte Mathematik und Mechanik, der wissenschaftlichen Gesellschaft für Luftfahrt und dem Fachausschuß für Strömungsforschung im VDI

Es wird von uns vorgeschlagen, bei Wasserstaub- und Sprühstrahlrohren den Wert d_{m1}, der das arithmetische Mittel darstellt, als mittleren Tropfendurchmesser anzugeben.

Bei der Auswertung von Tropfengrößenmessungen ist jedoch zu beachten, daß das wirkliche Tropfenspektrum nicht so einfach ist, wie es in dem vorstehenden Beispiel dargestellt wurde. Die verschiedenen im Wasserstaubstrahl auftretenden Tropfendurchmesser unterscheiden sich weit mehr als in dem Beispiel angenommen wurde. Außer dem mittleren Tropfendurchmesser interessiert natürlich das gesamte Spektrum. Dieses läßt sich durch die Tropfenverteilungskurve darstellen. Man trägt in einem Diagramm die Anzahl der ausgemessenen Tropfen über dem Tropfendurchmesser auf. Die Genauigkeit dieser Auswertung hängt von den Intervallen der zusammengefaßten Tropfendurchmesser und von den Durchmessersprüngen ab. Für die aufgezeichneten Kurven ist somit jeweils die Intervallgröße anzugeben. Durch graphische Integration dieser Kurve läßt sich die Summenkurve ermitteln. Wird die Summenkurve dagegen unabhängig von der Tropfenverteilungskurve aufgezeichnet, so ist sie unabhängig von der Intervallgröße. Mit Hilfe des GAUSS'schen Fehler-Integrals ist die mathematische Berechnung der Summenkurve möglich. Über diese Möglichkeit berichtete erstmals R. LORENZ[2]. Für die Vermessung und Auswertung von Feuerlöschstrahlrohren dürfte jedoch das Verfahren, auf das hier nicht näher eingegangen werden soll, auch nicht infrage kommen, da die Berechnungen zu zeitraubend sind. Der Vollständigkeit halber wurde jedoch auf diese Möglichkeit hingewiesen.

2. Wasserzerstäubung

a) Zerstäubungsarbeit und Düsenaustrittsgeschwindigkeit des Wassers

Für Feuerlöschzwecke sind die verschiedensten Sprüh- und Wasserstaubstrahlrohre bzw. Düsen entwickelt worden. In den USA unterscheidet man diese nach der Geschwindigkeit des austretenden Strahls, wobei Hohl- und Vollkegel möglich sind. Für Feuerlöschzwecke ist, abgesehen von der indirekten Löschmethode, die im Abschnitt II, 5 näher behandelt werden wird, der Vollkegel erforderlich. Die Düsen, bei denen der Strahl mit niederer Geschwindigkeit (low velocity nozzle) austritt, sind ebenfalls nur für die indirekte Brandbekämpfung (indirect method of attack) geeignet, da die

---

[2] Strömungstechnische Seminar der Technischen Hochschule Karlsruhe vom 29.11.1955

Wurfweite zu gering ist. Die indirekte Methode der Brandbekämpfung mit Wasserstaub fand in Deutschland bis jetzt kaum Anwendung, sodaß es sich bei den in Deutschland entwickelten Düsen um solche handelt, bei denen der Strahl mit großer Geschwindigkeit (high velocity nozzle) austritt. Die Größe der Austrittsgeschwindigkeit ist abhängig von dem Druck vor dem Strahlrohr, von den Strömungsverlusten im Strahlrohr und schließlich von der für die Zerstäubung erforderlichen Arbeit.

Die Zerstäubungsarbeit ist die zur Überwindung der Oberflächenspannung σ des Wassers zu leistende Arbeit. Um einem Liter Wasser durch Zerstäubung die Oberfläche O zu geben, muß die Arbeit

$$A = \sigma (O - O_o) \quad [\text{mkg/Ltr}] \tag{9}$$

aufgewandt werden, wenn O_o die Anfangsoberfläche ist. Die Anfangsoberfläche kann im allgemeinen vernachlässigt werden, da diese gegenüber O, der Summe der Oberfläche der einzelnen Wassertröpfchen unendlich klein ist.

Zerteilt man 1 Liter Wasser in Tröpfchen vom Durchmesser d, so läßt sich die Wasseroberfläche der Summe der durch die Zerteilung entstandenen Tröpfchen wie folgt berechnen:

$$1 \text{ Ltr.} = 10^6 \text{ mm}^3$$

$$\text{Tropfenvolumen} \quad V = \frac{\pi \cdot d^3}{6}$$

$$\text{Tropfenzahl} \quad n = \frac{10^6 \cdot 6}{\pi \cdot d^3}$$

$$\text{Oberfläche} \quad O = n \cdot \pi \cdot d^2$$

Somit wird

$$O = \frac{6}{d} \quad [\text{m}^2/\text{Ltr}] \tag{10}$$

wobei d in mm einzusetzen wäre.

Durch Einsetzen der Gleichung (10) in Gleichung (9) bekommt man so für die Zerstäubungsarbeit

$$A = \frac{\sigma \cdot 6}{d} \quad [\text{mkg/Ltr}]$$

wobei $\sigma = 7{,}25 \cdot 10^{-3}$ kg/m ist, oder umgerechnet in die in der Feuerlöschtechnik übliche Dimension*, wobei σ in kg/m und d in mm einzusetzen ist.

$$^* A = \frac{\sigma \cdot 6}{10 \cdot d} \quad [\text{cm} \cdot \text{kg/cm}^3 = \text{kg/cm}^2] \tag{11}$$

Forschungsberichte des Wirtschafts- und Verkehrsministeriums Nordrhein-Westfalen

Die Zerstäubungsarbeit gibt also unmittelbar den für die Zerstäubung verbrauchten Druck an, der für die Geschwindigkeit des austretenden Wasserstaubstrahls als Druckverlust in Erscheinung tritt und beträgt für 1 Liter Wasser bei einer angenommenen Tröpfchengröße von 0,35 mm Durchmesser nur $1{,}24 \cdot 10^{-2}$ kg/cm². Bei einer Düse mit einem Wasserfluß Q_w = 100 Ltr/min tritt also durch die Zerstäubung ein Druckverlust von 1,24 atü auf. Bei einem Druck von 5 atü vor dem Strahlrohr beträgt der Druckverlust durch Zerstäubung somit 24,8 %.

Läßt man die Strömungs- (Reibungs-) verluste in der Düse außer Betracht, so ist

$$P_o \cdot Q_w + \frac{Q_w \cdot \gamma_w}{2 \cdot g} \cdot v_1^2 = P_a \cdot Q_w + \frac{Q_w \cdot \gamma_w}{2 \cdot g} \cdot v_o^2 + \text{Zerstäubungsarbeit} \quad (12)$$

wobei die linke Seite der Gleichung den Zustand in der Rohrleitung darstellt, und die rechte Seite für die freie Strömung (Düsenaustritt) gilt, wobei $P_a = 0$ ist. Es ist aber $\frac{\gamma}{g} = \rho$. Setzt man jetzt ρ und A in die Gleichung (12) ein und löst nach v_o auf, so bekommt man

$$v_o = \sqrt{\frac{2}{\rho_w}\left(P_o - \frac{\sigma \cdot 6}{d_{[mm]} \cdot 10}\right) + v_1^2} \quad (13)$$

In dieser Gleichung tritt die Größe der Düsenöffnung F nicht auf. Sie ist jedoch infolge der grundsätzlichen Beziehung zwischen P, Q_w und F

$$P = \frac{\rho_w}{2} \cdot v^2 = \frac{\rho_w}{2} \cdot \frac{Q_w^2}{F^2}$$

in Gleichung (13) implicite enthalten. Mit Hilfe der Kontinuitätsbedingung $v_o \cdot F_o = v_1 \cdot F_1$ könnte man noch v_1 eleminieren und die Düsenöffnung in diese Gleichung einsetzen.

Bei Anschluß der Zerstäuberdüse an einen C-Schlauch (D = 52 mm l.W.) errechnet sich die Wassergeschwindigkeit v_1 in der Schlauchleitung zu

$$v_1 = \frac{Q_w}{F_1} = 0{,}79 \text{ m/sec} \quad (14)$$

Setzt man diesen Wert für die Anfangsgeschwindigkeit und den Druck vor dem Strahlrohr P_o = 5 atü in die Gleichung (13) ein, so errechnet sich die Anfangsgeschwindigkeit der Wassertröpfchen zu

$$v_o = 32{,}8 \text{ m/sec} \tag{15}$$

wobei ρ_W auf eine Wassertemperatur von 10 °C bezogen ist.

Die Düsenaustrittsgeschwindigkeit ist also eine Funktion der Wurzel des Druckes, d.h. bei Drucksteigerung nimmt die Düsenaustrittsgeschwindigkeit nicht in dem Maße zu, in der die Drucksteigerung erfolgte.

b) Tropfenstabilität und Tropfengeschwindigkeit

Eine Steigerung der Wurfweite von Wasserstaubstrahlen durch Druckerhöhung und somit durch Steigerung der Ausflußgeschwindigkeit ist nur in einem gewissen Umfang möglich, da für eine bestimmte Tropfengröße nur eine maximale Geschwindigkeit möglich ist. Diese Tatsache beruht darauf, daß ein Wassertröpfchen kein fester Körper ist und somit keinen beliebig hohen Staudruck der Luft aushalten kann. Überschreitet der Staudruck und damit die Tropfengeschwindigkeit eine bestimmte Grenze, dann wird der Tropfen eingedrückt und in kleinere Tröpfchen aufgeteilt. Die obere Grenze des Staudrucks, den ein bestimmter Tropfen noch aushält, ist durch den im Inneren des Wassertropfens herrschenden Druck gegeben. Der innere Druck, auch Krümmungsdruck genannt, da er von der Größe des Tropfens abhängt, ist definiert als der Quotient aus der Kraftwirkung der Oberflächenspannung $\sigma \cdot \pi \cdot d$ zum Tropfenquerschnitt $\frac{\sigma \cdot d^2}{4}$

$$p = \frac{\sigma \cdot \pi \cdot d}{\frac{\pi \cdot d^2}{4}} = \frac{\sigma \cdot 4}{d} \tag{16}$$

Soll der Tropfen nicht auseinanderreißen, so muß sein

$$\frac{v^2 \cdot \rho_L}{2} \leq \frac{\sigma \cdot 4}{d} \tag{17}$$

Somit besteht zwischen der oberen Geschwindigkeitsgrenze und dem Tropfendurchmesser die Stabilitätsbedingung

$$v_{max} = \sqrt{\frac{8 \cdot \sigma}{d \cdot \rho_L}} = 2\sqrt{\frac{2 \cdot \sigma}{d \cdot \rho_L}} \tag{17a}$$

Für den im vorigen Abschnitt angenommenen Tropfen von 0,35 mm ⌀ beträgt die maximal mögliche Geschwindigkeit

$$v_{max} = 36{,}2 \text{ m/sek}$$

Bei abnehmendem Tropfendurchmesser wächst die Tropfenstabilität und damit rückt die Geschwindigkeitsgrenze nach oben. Frei fallende Tropfen von 6 mm ⌀ erreichen die maximale Geschwindigkeit, sodaß in der Natur größere frei fallende Tropfen nicht möglich sind. Beim Wassersprühstrahl dagegen, der die ihn umgebende Luft mitreißt, wird der der Vielzahl der Tropfen entgegenwirkende Staudruck geringer, sodaß noch Tropfen über 6 mm ⌀ möglich sind.

Für bestimmte Tropfengrößen ist die Tropfenstabilität nicht nur durch den Staudruck der Luft gegeben. Beim Zusammenprall von Tropfen kann es ebenfalls zu einer Aufspaltung oder aber auch zu einem Zusammenfließen kommen. Ob eine Zerstörung der Tropfen durch Zusammenprall eintritt, hängt von der Tropfengröße, der Tropfengeschwindigkeit und dem Winkel, unter dem die Tropfen zusammenprallen, ab. Praktische Messungen wurden von S.B. GORBATSCHEW, W.M. NIKIFOROWA und E.R. MUSTEL durchgeführt (15-16).

3. Grundlagen der Zerstäubung

a) Düsenformen

Zur Erzeugung von Wasserstaubstrahlen zur Brandbekämpfung sind im In- und Ausland die verschiedensten Sprühdüsen entwickelt worden, und zwar solche, bei denen der Strahl mit großer (High Velocity Nozzle), und solche, bei denen der Strahl mit geringer Geschwindigkeit (Low Velocity Nozzle) austritt. Diese Düsen erzeugen entweder einen Hohl- oder einen Vollkegel.

Im allgemeinen haben die Wasserstaubstrahlen großer Geschwindigkeit bei Vorliegen eines Vollkegels eine größere Reichweite, als die Wasserstaubstrahlen geringer Geschwindigkeit. Bei Ersteren besteht die Tendenz, Luft mitzureißen, sodaß eine Zugluft erzeugt wird. Der Wasserstaubstrahl geringer Geschwindigkeit hat nur in geringem Maße richtungsweisende Charakteristik und reißt kaum Luft mit sich. Es ist möglich, die Wirkung des Wasserstaubstrahls geringer Geschwindigkeit dadurch zu erreichen, daß man über der zu schützenden oder zu löschenden Fläche zwei Strahlen großer Geschwindigkeit aufeinanderprallen läßt.

Zur Erzeugung von Wasserstaubstrahlen großer Geschwindigkeit kann z.B. das Wasser innerhalb der Düse an mehreren feststehenden Flügeln vorbeifließen, d.h. der Wasserstrahl erfährt eine Zusammenschnürung und wird gleichzeitig abgelenkt. Die Divergenz des Wassers und die daraus resultierende Turbulenz bricht den Strahl auf und führt zu einem Wasserstaubstrahl großer Geschwindigkeit bei Bildung eines Hohlkegels. Die entsprechende Vollkegeldüse hat zusätzlich einen zentralen Strahl, der innerhalb der Düse kurz vor der Mündung durch die abgelenkten Teilströme aufgelöst wird.

Düsen geringer Geschwindigkeit, die einen Wasserstaubstrahl ohne Richtungscharakteristik erzeugen, werden nach zwei verschiedenen Prinzipien konstruiert. Der Wasserstaubstrahl wird durch das Aufeinanderprallen von mehreren, aus verschiedenen Düsenöffnungen austretenden Strahlen außerhalb der Düse erzeugt (amerikan. Stufenstrahlrohr). Bei der anderen Zerstäubungsart treffen innerhalb der Düse mehrere Strahlen aufeinander.

Die Zerstäuberdüsen sind also Prall- oder Dralldüsen, oder eine Kombination von beiden. Zur Prallerzeugung können anstatt der feststehenden Flügel rotierende Scheiben Anwendung finden (17). Darüber hinaus besteht die Möglichkeit, unzählige feinste Nadelstrahlen aus Düsen austreten zu lassen, die sich dann entlang ihrer Wurfweite aufgrund des Staudrucks der Luft und ihrer eigenen Schwingungen zu Wasserstaubstrahlen auflösen. Praktisch würde jedoch die natürliche Luftbewegung die Strahlen von ihrer vorgeschriebenen Bahn ablenken und zum Aufeinanderprallen mehrerer Strahlen führen, sodaß wieder eine Pralldüse vorliegen würde, bei der die Strahlen außerhalb der Düse zusammenprallen.

In Deutschland sind die verschiedensten Dralldüsen im Handel, bei denen in einem Kopf mehrere Zerstäuber angeordnet sind. Die einzelnen Kegel dieser Zerstäuber überschneiden sich, sodaß die einzelnen Hohlkegel insgesamt einen Vollkegel bilden.

Seit etwa 1 Jahr ist in Deutschland eine neuartige Wasserstaubdüse auf dem Markt, bei der die Zerstäubung durch Ablenkung erfolgt. Ein gewöhnliches Düsenmundstück ist an seinem Ende mit vier dünnen Drähten versehen, die die Zerstäubung bewirken (Störprinzip). Es ist ohne weiteres einleuchtend, daß bei dieser Düse die Strömungsverluste innerhalb der Düse auf ein Minimum herabgesetzt sind.

Eine Zerstäubung durch Zusatz von Preßluft dürfte für bewegliche Feuerlöschstrahlrohre nicht infrage kommen, weil zusätzlich ein Schlauch verlegt und außer der Pumpe noch ein Preßluftaggregat vorhanden sein muß. Deshalb braucht in diesem Zusammenhang auf diese Zerstäubungsart, die jedoch zu einer feineren Zerstäubung als die rein mechanische Art führt, nicht eingegangen zu werden.

b) Strahlzerfall

Eine umfassende Zusammenstellung über Forschungsarbeiten, die sich mit Zerstäubungsvorgängen befassen, ist von K.J.de JUHASZ und W.E. MEYER veröffentlicht worden (18).

Für die mannigfältigen Erscheinungsformen der Tropfenbildung bis zum Zerfall flüssiger Strahlen, die teils unter Gewichts- teils unter Druckwirkung in die Atmosphäre austreten, unterscheidet man hinsichtlich der Geschwindigkeit der Tropfen folgende 4 Fälle (19):

- 0 Langsames Abtropfen von der Düse unter Gewichtswirkung ohne Strahlbildung
- I Auflösung eines zylindrischen Strahls durch Vermittlung achsensymmetrischer Oberflächenschwingungen (nach RAYLEIGH)
- II Auflösung durch Vermittlung schraubensymmetrischer Schwingungen der Strahlmasse ("Zerwellen" nach WEBER-HAENLEIN)

III Zerstäubung des Strahls (nach HOLFELDER)

Die vorstehende Abgrenzung erfolgte in der Reihenfolge steigender Relativgeschwindigkeit zwischen Tropfen und Luft bzw. Ausflußgeschwindigkeit.

Über die vorstehend genannten Formen der Strahlauflösung liegt umfangreiche Literatur vor, sodaß im Rahmen dieser Arbeit auf Einzelheiten nicht besonders eingegangen zu werden braucht. Einige wenige Hinweise mögen genügen, zumal auch das Problem der Zerstäubung noch nicht als abgeschlossen angesehen werden kann. Es ergeben sich Widersprüche zwischen den theoretischen und experimentellen Arbeiten. So wurde z.B. experimentell nirgends eine ausgeprägte Abhängigkeit der Feinheit der Zerstäubung von der Luftdichte gefunden (20-22). Dagegen weisen die bekannten, auf theoretischen Ableitungen beruhenden Formeln zur Berechnung von Tropfengrößen bei Zerstäubungsvorgängen eine umgekehrte Proportionalität zwischen Tropfendurchmesser und Luftdichte auf (23-30). Eine Ausnahme bildet die rein empirische Formel von NUKIYAMA (31), die keine Abhängigkeit von der Luftdichte zeigt, jedoch dimensionsmäßig nicht korrekt ist.

Der Fall 0 der vorhergehenden Aufstellung v. OHNESORGE (19), wobei die Flüssigkeit ohne Strahlbildung abtropft, interessiert für Feuerlöschstrahlrohre nicht.

Bei Fall I wird von der Flüssigkeit ein Strahl gebildet, der infolge von rotationssymmetrischen Schwingungen, die durch Anfangsstörungen in der Düse hervorgerufen werden, in Tropfen zerfällt, wobei die Luftkräfte amplitudenvergrößernd wirken. Diese Form des Strahlzerfalls wurde von HAENLEIN (32), WEBER (33) und RAYLEIGH (34) untersucht. Die Zerfallzeit ist für jede Flüssigkeit und Strahlstärke bei geringen Geschwindigkeiten unveränderlich, die Zerfallänge wächst mit der Geschwindigkeit. Die Zerfallzeit und die Wellenlänge des Zertropfens hängen von den physikalischen Größen des Strahls ab. Theorie und Versuche zeigten nach WEBER eine gute Übereinstimmung. Durch den Einfluß der Luftkräfte (vom Strahl mitgerissene Luft) wird theoretisch die Zerfallzeit kürzer, sodaß mit wachsender Geschwindigkeit auch die Zerfallänge abnimmt, doch ergaben die Versuche ein stärkeres Abnehmen.

Beim Fall II führt der Strahl wellenförmige Schwingungen aus, die ihn zum Zerfall bringen. Das Zerwellen erklärt sich aus dem Einfluß der Luftkräfte. HAENLEIN (32) und WEBER (33) führten ebenfalls über diese Art des Strahlzerfalls Untersuchungen durch.

Beim Fall II ist die Strahlgeschwindigkeit **größer** als beim Fall I. Unter dem erhöhten Einfluß der Luft sind die **wellenförmigen** Anfangsstörungen bestrebt, den Strahl zu verbiegen. Sie entwickeln sich rascher als rotationssymmetrische Störungen. Die Oberflächenspannung wirkt hindernd auf den Zerwellungsvorgang, da sie bestrebt ist, den Strahl in die ursprüngliche Lage mit der geringsten Oberflächenspannung zurückzuführen. Bei Wasser läßt die Luft infolge der geringen Zähigkeit keine sehr ausgeprägte Wellenform entstehen. Einzelne Flüssigkeitsteilchen werden abgeschleudert und bilden einen kegelförmigen Mantel um den Strahlkern.

Der Fall III umfaßt das eigentliche Gebiet der Zerstäubung. In dieses Gebiet gehört die Zerstäubung eines Strahls durch weitere Geschwindigkeitssteigerung und die Zerstäubung durch Beeinflussung des Strahls in der Düse. Der Strahl verliert jede gesetzmäßige klare Form und die aus der Düse austretende Flüssigkeit wird völlig unregelmäßig unter dem Einfluß der Luft verteilt.

Aufbauend auf die Arbeiten von HAENLEIN und OHNESORGE fand LITTAYE (26), daß die Auflösung eines Vollstrahls geringer Geschwindigkeit von der Geschwindigkeit des Luftstroms abhängt. Bei geringer Luftgeschwindigkeit sind die Tropfendurchmesser 1,89 mal größer als der Strahldurchmesser. Diese Aussage bezieht sich nur auf feine Strahldurchmesser. Bei größeren

Luftgeschwindigkeiten wächst ab einer Grenzgeschwindigkeit, die der Düsenbohrung umgekehrt proportional ist, die Anzahl der kleineren Tropfen sehr stark an. Bei weit größeren Geschwindigkeiten, die von der Düsenbohrung abhängig sind, beginnt die eigentliche Zerstäubung, wobei die Zerstäubung selbst vom Düsendurchmesser unabhängig ist. Die großen Tropfen lösen sich in kleinere auf, wenn der Druckunterschied zwischen Luft und Tropfen größer wird als

$$\frac{k \cdot 4 \cdot \sigma}{d} \quad \left[\text{vgl. Gleichung (17a)}\right],$$

wobei

k = eine Konstante

σ = die Oberflächenspannung des zerstäubten Mediums

d = Tropfendurchmesser

bedeutet.

SCHWEITZER (35) führt die Zerstäubung sowohl in der Luft als auch im Vakuum vor allem auf die innere Turbulenz des Strahls zurück. Er stimmt mit anderen Experimentatoren überein, daß bei höheren Drücken die Viskosität des zu zerstäubenden Mediums einen viel größeren Einfluß auf die Zerstäubung hat, als die Oberflächenspannung. GIFFON (36) führte Zerstäubungsversuche bei verschiedenen Temperaturen durch. Diese ergaben, daß die Zerstäubung bei etwa -22 °C noch schlechter war, als sich nur aus dem Anstieg der Zähigkeit hätte erwarten lassen. Es müßte somit auch die Temperatur direkt und nicht nur mittelbar über die Zähigkeit einen Einfluß auf die Güte der Zerstäubung haben.

Auch MERRINGTON und RICHARDSON (37) fanden, daß bei großen Luftgeschwindigkeiten der mittlere Tropfendurchmesser unabhängig vom Austrittsquerschnitt der Düse ist und nur von der kinematischen Zähigkeit η und der Relativgeschwindigkeit v abhängt.

$$d_m = \frac{500 \cdot \eta^{1/5}}{v} \tag{18}$$

Diese Beziehung gilt nicht für kleine Relativgeschwindigkeiten, d.h. in den vorstehend genannten Zerstäubungsfällen 0 - II.

Nach OHNESORGE (19) gilt für die vollständige Zerstäubung eines Vollstrahls die Bedingung:

$$Z = \frac{\eta}{\sqrt{\sigma \cdot \rho_F \cdot D}} \geq 2000 \left(\frac{\eta}{v \cdot \rho_F \cdot D}\right)^{4/3} \qquad (19)$$

wobei

D = den Durchmesser der Düsenbohrung

v = die Relativgeschwindigkeit (Luft und Strahl)

bezeichnet. Die eigentliche Zerstäubung liegt also nur vor, wenn

$$v \geq 300 \left(\frac{\eta}{\sigma}\right)^{1/4} \cdot \left(\frac{\sigma}{\rho_F \cdot D}\right)^{5/8} \qquad (20)$$

ist.

Bei der Zerstäubung durch rotierende Scheiben gehen FRIEDMANN, GLUCKERT und MARSHALL (17) für den maximalen Tropfendurchmesser von der Beziehung

$$d_{max} = \frac{C}{n} \cdot \left(\frac{\sigma}{r \cdot \rho_F}\right)^{0,5} \qquad (21)$$

die von BÄR (38) aufgestellt wurde, aus, wobei bedeutet

C = Konstante

n = Drehzahl

σ = Oberflächenspannung

r = Scheibenradius

ρ_F = Flüssigkeitsdichte

Bei dieser Beziehung überwiegen die Oberflächenkräfte, die Zähigkeit des zu zerstäubenden Mediums tritt nicht in Erscheinung. Es zeigte sich, daß bei höheren Viskositäten die Gleichung zu niedrige Werte ergibt, d.h. der Zähigkeitseinfluß muß in der Konstante implizid enthalten sein. FRIEDMANN und Mitarbeiter verbesserten die Formel und hoben den Einfluß der Zähigkeit besonders hervor. Sie fanden die Beziehungen

$$\frac{d_{m8}}{r} = 0,4 \cdot \left(\frac{\eta}{M_u}\right)^{0,2} \left(\frac{M_u}{\rho_F \cdot n \cdot r^2}\right)^{0,6} \left(\frac{\sigma \cdot \rho_F \cdot U}{M_u^2}\right)^{0,1} \qquad (22)$$

und

$$d_{max} = 3 \cdot d_{m8} \qquad (23)$$

wobei bedeutet

d_{m8} = mittlerer Tropfendurchmesser $\left[\text{vgl. Gleichung (8)}\right]$

r = Scheibenradius $[m]$
η = dynamische Zähigkeit $[cp]$
M_u = Flüssigkeitsleistung je Umfangseinheit $[kg/m \cdot min]$
ρ_F = Flüssigkeitswichte $[g/cm^3]$
n = Drehzahl = $v/2 \cdot \pi \cdot r$ $[min^{-1}]$
σ = Oberflächenspannung $[dyn/cm]$
U = benetzter Scheibenumfang $[m]$

DOBLE (39) untersuchte Zerstäubungsdüsen mit tangentialem Einlauf in eine Wirbelkammer. Er fand, daß die Tropfengröße von der Düsenbohrung unabhängig ist und wesentlich nur von der Flüssigkeitsführung bei der Drallerzeugung abhängt. Auf diese Versuche aufbauend gibt NOVIKOV (40) als mittleren Tropfendurchmesser an

$$d = 3 \left(\sigma \cdot r^4 / 4 \cdot p \cdot R^2 \right)^{1/3} \tag{24}$$

mit

p = Druck vor der Düse
r = Radius des tangentialen Flüssigkeitseintritts
R = Radius der Wirbelkammer.

Bei der Untersuchung der Zerstäubung von zwei sich schneidenden Wasservollstrahlen wurde von SMART (41) und Mitarbeitern gefunden, daß die Tropfen bei Vergrößerung des Winkels zwischen den beiden Strahlen kleiner werden, und daß die Feinheit der Tropfen und die Reichweite des Strahls mit dem Druck anwachsen. Bei Strahldurchmessern von je 1,6 mm und einem Druck von 8,5 atü wurde bei einem Winkel von 90° zwischen den Strahlen ein mittlerer Tropfendurchmesser von 0,3 bis 0,7 mm gemessen. Bei Strahlen von je 4,8 mm Durchmesser und einem Druck von 1,5 atü wurde bei einem Winkel von 20° ein mittlerer Tropfendurchmesser von ca. 1,3 mm gefunden.

4. Einsatzmöglichkeiten des Wasserstaubstrahls

a) Allgemeines

Wasserstaub kann überall da eingesetzt werden, wo der Vollstrahl geeignet ist, unter der Voraussetzung jedoch, daß er den Auftrieb des Feuers überwindet und den Brandherd erreicht, oder durch indirekte Einwirkung den Löscheffekt herbeiführt. Diese Überlegung schließt seine Anwendung bei Feuerstürmen aus. Bei den vorstehend genannten Voraussetzungen ist der Wasserstaubstrahl dem Vollstrahl überlegen, da er

1. den Wasserschaden herabsetzt,
2. eine schnellere Löschung erreicht, also den Löschwirkungsgrad des Wassers verbessert und dadurch wassersparend wirkt.

Darüber hinaus erweitert der Wasserstaubstrahl die Einsatzmöglichkeiten des Wassers. Wie in Abschnitt III gezeigt werden wird, ist es auch möglich, Flüssigkeitsbrände mit Wasserstaub zu löschen. In diesem Fall hängt der Löscherfolg weitestgehend von der Tropfengröße ab. Außerdem ist der Wasserstaubstrahl zum Löschen von Staubbränden geeignet, da aufgrund seiner Auflösung und verhältnismäßig geringen Geschwindigkeit ein Aufwirbeln des Staubes und somit Staubexplosionen während des Löschens vermieden werden. Schließlich lassen sich noch brennende Gase mit Wasserstaub löschen, wenn der Strahl so umfangreich ist, daß er die gesamte Flamme gleichzeitig restlos einhüllt. Vollstrahlen würden nur dann ein Löschen ermöglichen, wenn sie an der Auftreffstelle zerstäuben und der sich bildende Wasserstaub die Flammen einhüllt, oder aber die Flamme von der Ausströmöffnung abschneiden kann. Auch das Löschen schwer benetzbarer Stoffe wird durch den Wasserstaub erleichtert; Netzmittelzusatz würde die Wirkung noch vergrößern. Weiter ist der Wasserstaubstrahl zum Niederschlagen ätzender und giftiger Gase und Dämpfe, soweit diese wasserlöslich sind, wie z.B. Chlor, Ammoniak, Schwefeldioxyd, Phosgen, Säuredämpfe usw. geeignet (42). Nachlöscharbeiten sollten immer nur mit dem Wasserstaubstrahl durchgeführt werden, um Wasserschaden zu vermeiden.

Der Wasserstaubstrahl kann erstens für den direkten, und zweitens für den indirekten Löschangriff Anwendung finden. Beim direkten Löschangriff wird das brennende Objekt direkt angegriffen, der Strahl muß die Flammenzone mehr oder weniger durchbrechen. Man wird jedoch immer bemüht sein, die Luftbewegung, die durch den Brand ausgelöst wird, auszunutzen und dem Wasserstaubstrahl die Richtung dieser Luftbewegung geben, um eine vorzeitige Verdampfung der Wassertröpfchen in der Flammenzone zu vermeiden. Der indirekte Löschangriff ist nur bei Bränden in geschlossenen Räumen möglich. In diesem Fall wird der Wasserstaubstrahl in die obere Hälfte des brennenden Raumes eingeführt, um die im Raum herrschende Hitze nach außen abzuführen. Die Wasserstaubgabe erfolgt bis zur Kondensierung des sich durch das Feuer gebildeten Dampfes (43). Ein indirekter Löschangriff mit Wasserstaub kann also nur erfolgreich sein, wenn Luft- und Oberflächentemperatur im oberen Teil des umschlossenen Raumes größer als die Siedetemperatur des Wassers sind. Bei Entstehungsbränden ist somit die Anwendung des indirekten Löschangriffs nicht möglich.

b) Löschung von Bränden in elektrischen Anlagen

Die elektrische Leitfähigkeit wässriger Lösungen ist durch den Ladungstransport der im elektrischen Feld wandernden Ionen bestimmt. Eine völlig ionenfreie Lösung wäre elektrisch nichtleitend. Selbst reinstes, zweifach destilliertes Wasser hat noch eine sehr geringe, aber noch meßbare Leitfähigkeit. Die im Löschwasser (sei es aus Wasserleitungen oder freien Gewässern entnommen) gelösten Salze bewirken eine elektrische Leitfähigkeit, sodaß beim Löschen mit dem Vollstrahl Gefahr für den Strahlrohrführer besteht, wenn der Vollstrahl auf unter Spannung stehende Anlagen trifft. Je größer der Abstand zwischen dem spannungsführenden Teil und dem Strahlrohr ist, um so größer wird der Widerstand, den der Strahl dem Strom entgegensetzt, und somit um so geringer die Gefährdung des Strahlrohrführers. Die in der Literatur gemachten Angaben über die einzuhaltenden Sicherheitsabstände sind nicht übereinstimmend (44-49).

Die Wasserstaubstrahlen besitzen keine oder nur eine unerhebliche elektrische Leitfähigkeit, da keine ausgesprochene Verbindung zwischen den einzelnen Wassertröpfchen besteht (50-51). Die Abstände zwischen unter Spannung stehendem Objekt und Strahlrohr können gegenüber dem Vollstrahl verringert werden. Die äußerste Grenze der Annäherung ist selbstverständlich durch die Überschlagsentfernung gegeben.

Von der Forschungsstelle wurde eine Anlage zur Messung der elektrischen Leitfähigkeit von Wasserstaubstrahl erstellt. Von der Durchführung umfangreicher Serienversuche wurde jedoch bisher Abstand genommen, da uns die Strahlen noch nicht genügend definiert erscheinen und eine wissenschaftliche Versuchsauswertung nur in Abhängigkeit von der Tropfengröße, Wasserdichte etc. möglich ist.

c) Schutz des Strahlrohrführers

Der Wasserstaubstrahl hat nicht nur seine Vorteile bei der Brandbekämpfung, sondern er bietet auch dem Strahlrohrführer einen Schutz. Der Wasserstaubstrahl schützt vor strahlender Hitze und zwar nicht nur, da er die Hitze abschirmt, sondern auch weil er von hinten Frischluft ansaugt. So ist der Wasserstaubstrahl auch der geeignete Löschstrahl bei Kellerbränden, wobei es sich in der Regel um stark verqualmte Räume handelt.

Der Wasserstaubstrahl schlägt den Rauch besser nieder, als der Vollstrahl und ermöglicht so früher den eigentlichen Brandherd zu erkennen. Auch hier hängt die Wirkung wieder von der Tropfengröße ab. Die ersten diesbezüglichen Versuche, die jedoch noch nicht als abgeschlossen gelten können, wurden in England durchgeführt (52-53).

d) Kühlung brennender Tanks

Weiter kann der Wasserstaubstrahl in Verbindung mit dem seit ca. 30 Jahren bekannten Luftschaumlöschverfahren Anwendung finden (54). Wird ein brennender Tank mit Luftschaum bekämpft, so wird die Löschwirkung des Schaumes dadurch unterstützt, wenn die im Tank befindliche Flüssigkeit abgekühlt wird. Dies läßt sich in gewissem Umfang durch die Abkühlung der Tankwandungen erreichen. Die Abkühlung der Tankwandungen hat jedoch ihren größten Einfluß auf die Verhinderung der Wiederentzündung der durch die Schaumdecke heraustretenden Gase. Die Abkühlung läßt sich am besten mit dem Wasserstaubstrahl erzielen, da dieser schneller als der Sprühstrahl verdampft und so schneller kühlt.

Da die Explosionsgefahr bei Lagertanks brennender Flüssigkeiten nicht nur von der speziellen Art des Lagergutes und den Schutzeinrichtungen des Tanks, sondern auch von der Temperatur der gelagerten Flüssigkeiten abhängt (55), kann es in besonderen Fällen erforderlich werden, die Lagertanks abzukühlen, wodurch erreicht wird, daß die Temperatur des über der Flüssigkeit stehenden Dampf-Luftgemisches in Grenzen gehalten wird, die eine Entzündung unmöglich macht. Auch in diesem Fall geschieht die Abkühlung am besten mit dem Wasserstaubstrahl.

e) Schutz brandgefährdeter Dächer, Tanks usw.

Die Kühlung brandgefährdeter Anlagen ist am einfachsten mit Wasserstaub durchzuführen. Indem man mit einem oder mehreren Wasserstaubstrahlrohren einen Schleier vor das bedrohte Objekt legt, wird die Gefahr einer Zündung desselben durch strahlende Hitze oder durch Funkenflug ausgeschaltet. Auch ist es möglich, Flammen, die aus Fenstern herausschlagen und das Feuer auf höhere gelegene Stockwerke zu übertragen drohen, mit Wasserstaub zurückzudrängen um z.B. Menschen retten zu können. Nach praktischen Versuchen der Osloer Feuerwehr soll bei Hochdrucknebel der Wärmeschutz ganz ausgezeichnet sein (56). Im Abschnitt II, 2, b wurde dargelegt, daß eine Drucksteigerung sich in erster Linie auf die Zerstäubung auswirkt.

Forschungsberichte des Wirtschafts- und Verkehrsministeriums Nordrhein-Westfalen

In den praktischen Arbeiten über Hochdrucknebel finden wir keine Angaben über die Tropfengröße. Nach unserer Ansicht läßt sich bei Drücken bis 10 atü und strömungstechnisch günstigen Düsen eine für den Feuerlöschdienst ausreichende Zerstäubung erreichen. Der vorstehend genannte Hochdruckwassernebel ist nicht definiert, sodaß die Ausführungen nicht im Widerspruch zu unserer Auffassung stehen. Auch im Ausland macht sich immer mehr die Tendenz bemerkbar, vom Hochdrucknebel abzugehen (57).

5. Löschwirkung des Wasserstaubs

a) Allgemeines

Bereits beim harten Vollstrahl ist u.a. eine Verstärkung der Löschwirkung durch die Zerstäubung des Wassers beim Aufprall in der Glut erkennbar. Die verstärkende Löschwirkung tritt durch das schnellere Verdampfen des zerstäubten Wassers auf. Die schnellere Verdampfung entzieht der Glut in kürzerer Zeit mehr Wärme und außerdem schließt der sich in größerem Umfang bildende Wasserdampf den Sauerstoff der Umgebung von der Brandstelle ab. Der Wirkungsgrad einer vorhandenen Wassermenge läßt sich also bei Anwendung des Wasserstaublöschverfahrens steigern.

Wenn man annimmt, das Löschwasser habe eine Temperatur von ca. 10 ^{o}C, so wird dieses Wasser von dem brennenden Gegenstand auf 100 ^{o}C erwärmt, dabei wird dem Brandobjekt die Wärmemenge von ca. 90 kcal je Liter Wasser entzogen. Verdampft dann noch das Wasser, so wird zusätzlich die Verdampfungswärme des Wassers von 538,9 kcal/kg, also insgesamt ca. 629 kcal/kg entzogen. Die größte Kühlwirkung des Wassers tritt also durch die Verdampfung auf. Aus 1 l Wasser entstehen ca. 1.700 l Dampf, der gleichzeitig den Luftsauerstoff abschließt. Die Löschwirkung hängt also davon ab, wieviel Wasser in Dampf übergeht. Der Löscherfolg ist eingetreten, wenn die Brandstelle auf ca. 150 ^{o}C abgekühlt ist. Ein Wiederaufflammen kann nur dann eintreten, wenn im Inneren des Objekts Wärme gespeichert ist, die nach Beendigung des Löschvorganges die Außenschicht wieder auf Entzündungstemperatur erwärmt.

Bei der Bekämpfung von Innenbränden läßt sich nach amerikanischer Auffassung ein Löschwirkungsgrad von 90 % erreichen (43), d.h. 90 % des Wassers geht in Dampf über und nur 10 % läuft nutzlos ab. Für die Verdampfung von 1.000 l Wasser sind 1.000 x 629 = 629.000 kcal erforderlich. Bei dem vorstehenden Löschwirkungsgrad von 90 % würden sie also dem

Seite 26

Brandherd 566.000 kcal entziehen. Aus den 1.000 l Wasser würden hierbei 900 x 1.700 = 1.530.000 l = 1.530 m³ Dampf entstehen. Mit dieser großen Dampfmenge wird bei Innenbränden die freiwerdende Wärme an die Außenluft durch Ritzen, Öffnungen usw. abgeführt. Die freiwerdende Wärme wird um so schneller abgeführt werden, je schneller die Verdampfung eintritt, d.h. um so feiner die Zerstäubung ist.

Aus dieser Überlegung geht hervor, daß bei der Bekämpfung von Bränden mit der indirekten Löschmethode bei geschlossenen Räumen der Löschwirkungsgrad um so besser ist, je kleiner die Tröpfchen sind. Hier können **Wasserstaubstrahlen** feinster Tropfen Anwendung finden, da es nicht mehr erforderlich ist, dem Strahl eine bestimmte Richtung und Wurfweite zu geben. Bei der indirekten Löschmethode ist die Löschwirkung nicht auf den unmittelbar vom Wasserstaubstrahl berührten Raum beschränkt. Das Einspritzen von Wasserstaub in den hoch erhitzten Luftraum führt zur schnellen Dampfbildung, wobei eine Luftbewegung erzeugt wird, die genügend heftig ist, um die nicht sofort beim Eindringen verdampften Wassertröpfchen im ganzen Raum zu verteilen und mit den erhitzten und z.T. auch mit den brennenden Materialien in Berührung zu bringen. Bei dieser Zirkulation wird eine Kühlwirkung ausgeübt.

Der indirekte Löschangriff mit Wasserstaub, der je nach dem Umstand von einer oder mehreren Stellen durchgeführt wird, setzt voraus, daß der Raum genügend abgedichtet ist und erfordert Schutz der Strahlrohrführer gegen stark erhitzten Rauch und Wasserdampf. Der Angriff ist deshalb nach Möglichkeit von außen anzusetzen.

b) Wärmeübergang von Wassertropfen an Luft

Nachdem in dem vorstehenden Abschnitt die günstige Löschwirkung des Wasserstaubstrahls mit der schnellen Verdampfung der Wassertröpfchen begründet wurde, sollte nachgewiesen werden, daß diese Aussage auch zutrifft. Von der Forschungsstelle wurden deshalb umfangreiche Versuchsreihen über die Verdampfung von Wassertropfen im Heißluftstrom durchgeführt, weil aus der Literatur keine brauchbaren Meßergebnisse bekannt waren.

O. HERTERICH (58) lieferte in Deutschland zur Frage der Verbesserung der Löschwirkung des Wassers einen grundlegenden Beitrag, in dem er darauf hinwies, daß die Verdampfungsgeschwindigkeit einer Wassermenge von deren freier Oberfläche als Reaktionsfläche abhängt und sich erhöht, wenn man die Oberfläche einer gegebenen Wassermenge durch Zerstäubung in Tröpfchen vergrößert. Für die Oberflächenvergrößerung von 1 l Wasser bei Zerlegung in Tropfen vom Durchmesser d gelten die in Abschnitt II, 2, a aufgestellten Beziehungen (Gleichung (10)).

$$\text{Gesamtoberfläche } O_{ges} = \frac{6}{d} \; [m^2/l]$$

Die Oberfläche O_{ges} wächst mit abnehmendem Tropfendurchmesser in immer stärkerem Maße an. Sieht man zunächst einmal von anderen Einflüssen ab, so kann man sagen, daß die Verdampfungsgeschwindigkeit unter sonst gleichbleibenden Bedingungen proportional der Oberflächenvergrößerung wächst.

Die Verdampfungsgeschwindigkeit des Wassertropfens hängt jedoch nicht nur von seiner Oberfläche, sondern auch von der Wärmeübergangszahl ab. Die Wärmeübergangszahl steht wiederum zum Tropfendurchmesser in einer bestimmten Beziehung. M. TEN BOSCH (59) hat den Wärmeübergang von Luft an kugelförmige Teilchen eingehend untersucht und fand, daß die Wärmeübergangszahl mit der Krümmung des Teilchens zunimmt, was durch nachstehende Beziehung zum Ausdruck kommt.

$$\alpha = \frac{\lambda}{r} \tag{25}$$

wobei bedeutet

α = Wärmeübergangszahl $[kcal/m^2 \cdot h \cdot {}^\circ C]$
λ = Wärmeleitzahl der Luft $[kcal/m \cdot h \cdot {}^\circ C]$
r = Tropfenradius $[m]$

Diese Beziehung nach TEN BOSCH gilt jedoch nur unter der Voraussetzung, daß Wassertropfen und Luft sich in völligem Ruhezustand befinden und sie bringt zum Ausdruck, daß der Wärmeübergang pro Flächeneinheit mit abnehmendem Tropfenradius wächst.

Die vorstehende Beziehung gilt nicht mehr, wenn der Ruhezustand zwischen Tropfen und Luft nicht mehr besteht. JOHNSTONE (60) hat den Einfluß der Relativbewegung eingehend untersucht. EDELING (61) glaubte, aus diesen Versuchsergebnissen die Beziehung aufstellen zu können

$$Nu = 0{,}75 \, Pe^{0,5}$$

Hierbei bedeutet

$Nu = \dfrac{\alpha \cdot d}{\lambda}$ = NUSSELT'sche Kennzahl

$Pe = \dfrac{v \cdot d}{a}$ = PECLET'sche Kennzahl

Forschungsberichte des Wirtschafts- und Verkehrsministeriums Nordrhein-Westfalen

v = Relativgeschwindigkeit zwischen Tropfen und Luft $[m/h]$
a = Temperaturleitzahl $[m^2/h]$
d = 2r = Tropfendurchmesser $[m]$

Nach der EDELING'schen Beziehung wurden von der Forschungsstelle Verdampfungszeiten von Wassertropfen verschiedener Größe bei konstanter Lufttemperatur t und konstanter Relativgeschwindigkeit v berechnet. Unter den gleichen Bedingungen wurden auch die entsprechenden Verdampfungszeiten experimentell bestimmt.

Bei den Versuchsreihen wurde der zu verdampfende Tropfen an einem dünnen Faden im Heißluftstrom aufgehängt. Die Wärmemenge dQ, die in der Zeit dz bei der Temperaturdifferenz Δt auf die Tropfenoberfläche O übergeht, ist gegeben durch

$$dQ = \alpha \cdot O \cdot \Delta t \cdot dz = \alpha \cdot 4 \cdot \pi \cdot r^2 \cdot \Delta t \cdot dz \qquad (27)$$

wobei

r = Tropfenradius bedeutet.

Aus der Gleichung (25) läßt sich α eleminieren. Es ist

$$\alpha = 0{,}75 \; \frac{\lambda}{a^{0,5}} \cdot \frac{v^{0,5}}{d^{0,5}} \qquad (26a)$$

Durch die Wärmemenge dQ wird nach Erreichen der Verdampfungstemperatur die Wassermenge dWa zur Verdampfung gebracht

$$dQ = -N \cdot dWa = -N \cdot \gamma_w \cdot 4 \cdot \pi \cdot r^2 \cdot dr \qquad (28)$$

wobei bedeutet

N = Verdampfungswärme des Wassers
γ_w = spez. Gewicht des Wassers.

Für die Verdampfungszeit des Wassertropfens folgt dann nach (26a, 27 u. 28)

$$dz = -\frac{N \cdot \gamma_w \cdot (2a)^{0,5}}{0{,}75 \cdot \lambda \cdot \Delta t \cdot v^{0,5}} \cdot r^{0,5} \cdot dr \qquad (29)$$

Vom Beginn der Verdampfung bis zum vollständigen Verschwinden des Tropfens erhält man schließlich durch Integration die Verdampfungszeit z

$$z = -\int_{r=R}^{r=0} \frac{N \cdot \gamma_w (2a)^{0,5}}{0{,}75 \cdot \lambda \cdot \Delta t \cdot v^{0,5}} \cdot r^{0,5} \, dr$$

$$= \frac{N \cdot \gamma_w \cdot (2a)^{0,5}}{1,5 \cdot 0,75 \cdot \lambda \cdot \Delta t \cdot v^{0,5}} \cdot R^{1,5} \; [h] \tag{30}$$

Mit Hilfe dieser Verdampfungsgleichung kann man die EDELING'sche Beziehung überprüfen. Unsere Rechnungsergebnisse stimmten mit unseren Versuchsergebnissen nicht überein. Die gemessenen Verdampfungszeiten waren durchweg erheblich kleiner als die errechneten. Dies ist nach unserer Meinung mit darauf zurückzuführen, daß der Tropfen durch die Aufhängung keine genaue Kugelform mehr hatte und zum anderen, weil während des Verdampfungsvorganges die Wärmeübergangszahl sich mit der Abnahme des Tropfendurchmessers änderte. Aber trotzdem glaubten wir, aus dem Ergebnis der Versuchsreihen ableiten zu können, daß der Exponent von d größer als 0,5 sein muß, zumal der Tropfen seine Kugelgestalt während des Verdampfens infolge der Benetzungshysterese verlor. Aus der Literatur war weiter bekannt, daß bei geheizten Rohren und bei Rohrbündeln, die von Luft umströmt werden, der Einfluß der Luftgeschwindigkeit größer als der des Rohrdurchmessers ist (62). Diese Ergebnisse veranlaßten uns zu der Annahme, daß der Exponent von v sicher nicht kleiner als 0,5, wahrscheinlich aber größer und etwa dem von d entsprechenden oder noch größer sein müßte. Wir bemühten uns daher um eine Verbesserung unserer Versuchseinrichtung.

Bei der neu entworfenen Versuchsanordnung wurde der Wassertropfen an einer Kapillare aufgehängt und von erhitzter Luft umströmt. Während der Verdampfung wurde durch geregelten Nachfluß von Wasser der Tropfen auf gleichem Durchmesser gehalten. Die Beobachtung des Wassertropfens erfolgte durch ein Meß-Mikroskop. Die Abbildung 2 zeigt die Versuchsanordnung in schematischer Darstellung.

Die Versuchsreihen wurden nun in der Weise durchgeführt, daß bei jeweils konstantem Tropfendurchmesser und konstanter Lufttemperatur die Zeiten gemessen wurden, in denen eine bestimmte Wassermenge in Abhängigkeit von der Luftgeschwindigkeit verdampfte. Aus diesen Messungen ergeben sich Kurven für $\alpha = f(v)$ bei jeweils konstanter Temperatur und konstantem Tropfendurchmesser. Während dieser Versuche wurde uns eine amerikanische Arbeit, die sich experimentell eingehend mit dem Problem der Tropfenverdampfung befaßt, bekannt. Die Autoren RANZ und MARSHALL (63) gaben auf Grund ihrer Versuchsergebnisse die folgende Beziehung an:

$$Nu = 2 + 0,6 \; Pr^{1/3} \cdot Re^{1/2} \tag{31}$$

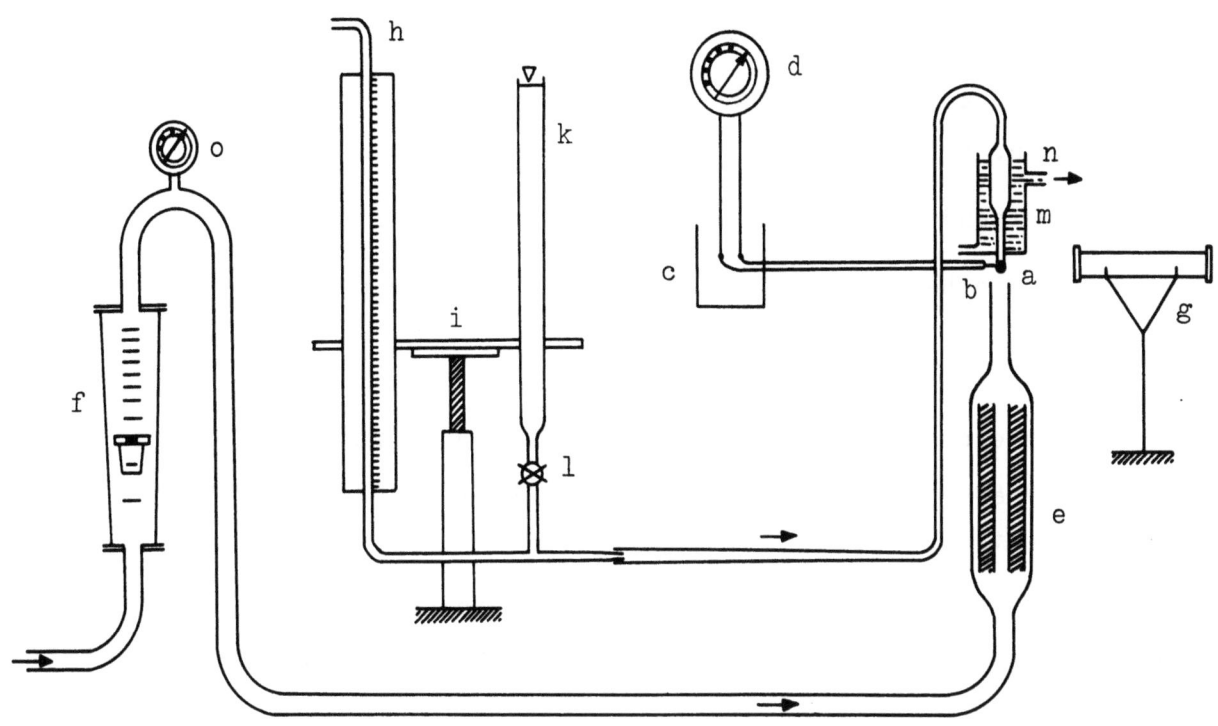

A b b i l d u n g 2

Versuchsanordnung zur Messung der Verdampfungsgeschwindigkeit
von Wassertropfen

a Wassertropfen
b Thermoelement
c Thermostat
d Temperaturanzeigegerät
e elektr. Heizofen
f Strömungsmesser
g Mikroskop
h Kapillare für Ablesung der verdampften Wassermenge
i Stelltisch
k Wasservorrat
l Hahn
m Kapillare für Tropfenaufhängung
n Kühlmantel
o Manometer

wobei bedeuten:

$$Pr = \frac{\nu}{a} = \text{PRANDTL'sche Kennzahl}$$

$$Re = \frac{v \cdot d}{\nu} = \text{REYNOLDS'sche Kennzahl}$$

$$\nu = \text{Kinematische Zähigkeit} \left[cm^2/sec\right]$$

Beim Vergleich unserer Kurven $\alpha = f(v)$ mit der entsprechend nach der Beziehung von RANZ und MARSHALL errechneten zeigte sich zwar ein ähnlicher Verlauf, aber die von uns gemessenen α-Werte waren um einen jeweils annähernd konstanten Betrag größer als die errechneten Werte. Aus der Art dieser Unstimmigkeit konnten jedoch zwei wichtige Schlüsse gezogen werden:

1. Die Steigung der Wärmeübergangskurven $\frac{d\alpha}{dv}$ ist durch die empirische

Beziehung von RANZ und MARSHALL mit hinreichender Genauigkeit erfaßt,

2. Die Unstimmigkeit zwischen Meß- und Rechenwert kann nur beim ersten Summanden, d.h. bei der Zahl 2, liegen.

Die nun einsetzenden theoretischen Überlegungen führten dann zu folgendem:

Schreibt man die Beziehung von RANZ und MARSHALL in der Form

$$Nu = 2 (1 + 0{,}3 \cdot Pr^{1/3} \cdot Re^{1/2}) \qquad (31a)$$

so erhält man ein analoges Aussehen wie die von FRÖSSLING (64) und FINDEISEN (65) aufgestellten meteorologischen Verdunstungsgleichungen für frei fallende Regentropfen.

Die von FRÖSSLING empirisch entwickelte Verdunstungsgleichung konnte FINDEISEN wenig später auf theoretischem Wege bestätigen und in einer anderen Form darstellen

$$\frac{dW}{dz} = 24{,}3 \cdot \eta \cdot r \cdot \Delta x \cdot F \qquad [kg/h] \qquad (32)$$

Hierbei bedeuten:

dW = in der Zeit dz verdampfte Wassermenge $[kg/h]$

η = dynamische Zähigkeit der Luft $[kg/m \cdot h]$

r = Tropfenradius $[m]$

x = Feuchtigkeitsdifferenz zwischen ungestörtem Luftkern und Dampfgrenzschicht an der Tropfenoberfläche $[kg/kg]$

$F = (1 + const \cdot Re^{1/2})$, ein Faktor, der dem FRÖSSLING'schen "Windfaktor" entspricht, hier jedoch als Korrekturglied für das STOKES'sche Reibungsgesetz bei Tröpfchen vom Durchmesser $d > 0{,}1$ mm erscheint.

In Gleichung (32) spielt also der Faktor $F = (1 + const \cdot Re^{1/2})$ die gleiche Rolle wie die Klammer $(1 + 0{,}3 \cdot Pr^{1/3} \cdot Re^{1/2})$ in Gleichung (31a). Beide nehmen für $v = 0$ den Wert 1 an.

Wenden wir uns nun der Verdampfung bei völligem Ruhezustand zwischen Tropfen und umgebender Luft zu und stellen die FINDEISEN'sche Beziehung der bekannten Verdunstungsgleichung

$$\frac{dW}{dz} = \varepsilon \cdot O \cdot \Delta x \qquad [kg/h] \qquad (33)$$

(ε = Verdunstungszahl $[kg/m^2 \cdot h]$; O = Tropfenoberfläche) gegenüber, so ergibt sich

$$\varepsilon = \frac{24,3}{4 \cdot \pi \cdot r} \cdot \eta \qquad (34)$$

Die Verdunstungszahl ε ist nun wiederum eine Funktion der Wärmeübergangszahl α. Zwischen beiden besteht die LEWIS'sche Beziehung

$$\frac{\alpha}{\varepsilon} = c_p, 1+x \qquad (35)$$

wobei $c_p, 1+x$ die auf (1+x) kg feuchte Luft (x = Wasserdampf) bezogene spez. Wärme ist.

Mit Hilfe dieser LEWIS'schen Beziehung folgt aus Gleichung (34)

$$\alpha = \frac{24,3 \cdot \eta}{4 \cdot \pi \cdot r} \cdot c_p, 1+x \qquad (36)$$

In der Dampfgrenzschicht an der Tropfenoberfläche gilt weiterhin nach der Grenzschichttheorie (66)

$$\frac{\lambda}{\eta \cdot c_p, 1+x} = 1,37 \qquad (37)$$

Daraus folgt dann schließlich

$$\alpha = \frac{24,3}{4 \cdot \pi \cdot 1,37} \cdot \frac{\lambda}{r} = 1,415 \frac{\lambda}{r} \qquad (38)$$

Aus der M. TEN BOSCH'schen Beziehung nach Gleichung (25), die man auch in der Form Nu = 2 schreiben kann, wird also hier

$$Nu = 2,83 \qquad (38a)$$

Dieses Ergebnis ist nun aber keineswegs als Widerspruch zu der M. TEN BOSCH'schen Theorie anzusehen. Die Beziehung Nu = 2 bleibt gültig für die Erwärmung des Wassertropfens ohne Berücksichtigung der bei Verdampfung entstehenden Dampfgrenzschicht an der Tropfenoberfläche. Daß diese Dampfgrenzschicht bei der Verdampfung, bei der der Wassertropfen übrigens eine konstante Temperatur annimmt, eine Rolle spielt, leuchtet ohne weiteres ein, wenn man nur an das LEIDENFROST'sche Phänomen denkt. Bei letzterem stellt die Dampfschicht zwischen Wasseroberfläche und gut wärmeleitender Unterlage allerdings ein Hindernis für den Wärmeübergang dar, während hier die Wasserdampfhülle den Wärmeübergang fördert. Die Förderung kommt dadurch zustande, daß in der Wasserdampfhülle die Wärmeleitfähigkeit größer ist als in der weniger gesättigten Luft der Umgebung und daß die Dampfhülle eine Vergrößerung der Reaktionsfläche verursacht. Es erscheint also durchaus verständlich, daß die für die reine Tropfenerwärmung gültige M. TEN BOSCH'sche Beziehung Nu = 2 sich bei der Tropfenverdampfung in Nu > 2 ändert.

Fügt man zu Gleichung (38a) wieder das Korrekturglied nach RANZ und MARSHALL hinzu

$$Nu = 2{,}83 + 0{,}6 \cdot Pr^{1/3} \cdot Re^{1/2} \tag{39}$$

so zeigt sich eine recht gute Übereinstimmung mit den eigenen Meßergebnissen, wenn man die Größen λ, ν und a auf die mittlere Temperatur und den mittleren Dampfgehalt zwischen ungestörtem Luftkern und Wassertropfen bzw. Dampfgrenzschicht bezieht. Die Temperatur des verdampften Tropfens kann dabei aus dem i,x-Diagramm für feuchte Luft nach MOLLIER entnommen werden. Für eine Lufttemperatur von 220 °C ergibt sich beispielsweise eine Tropfentemperatur t_{Tr} = 48 °C.

Berechnet man nach Gleichung (39) die Wärmeübergangszahl α bei konstanter Lufttemperatur als Funktion des Tropfendurchmessers d und setzt für v die jedem Tropfendurchmesser zugeordnete Tropfen-Endfallgeschwindigkeit v_d ein, so sieht man, daß α mit abnehmendem Tropfendurchmesser in immer stärkerem Maße wächst (siehe Abb. 3). Die beiden Summanden, aus denen sich α

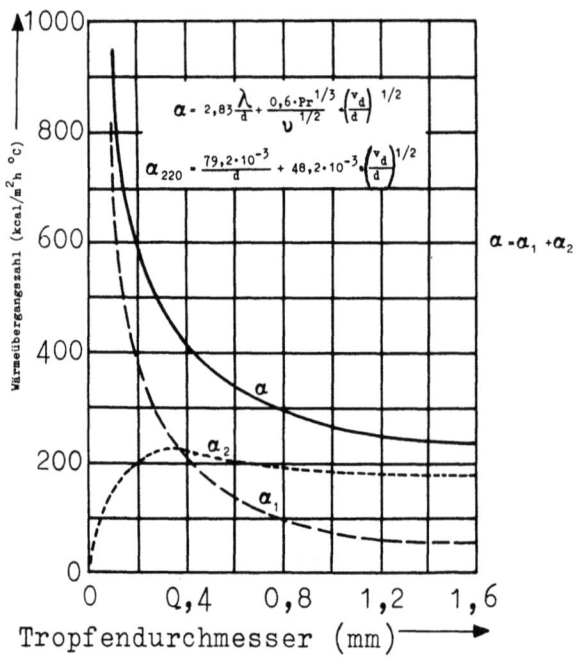

Abbildung 3

Wärmeübergangszahlen in Abhängigkeit vom Tropfendurchmesser bei einer Lufttemperatur von 220 °C und Tropfenendfallgeschwindigkeit

zusammensetzt, haben jedoch eine ganz verschiedene Wachstumstendenz. Mit abnehmendem Tropfendurchmesser wächst das Hauptglied $\alpha_1 = \dfrac{2{,}83 \cdot \lambda}{d}$ hyperbelmäßig, während das Korrekturglied $\alpha_2 = \dfrac{0{,}6}{d} \cdot \lambda \cdot Pr^{1/3} \cdot Re^{1/2}$ langsam einem Höchstwert bei d = 0,35 mm zustrebt und danach ziemlich schnell gegen Null abfällt. Von d = 0,1 mm an abwärts beginnt das Hauptglied derart stark zu überwiegen, daß der Einfluß des Korrekturgliedes bedeutungslos wird. Das stimmt wiederum überein mit dem STOKES'schen Gesetz, das der Verdampfungstheorie nach FINDEISEN zugrunde liegt, und steht außerdem im Einklang mit der Diffusionstheorie.

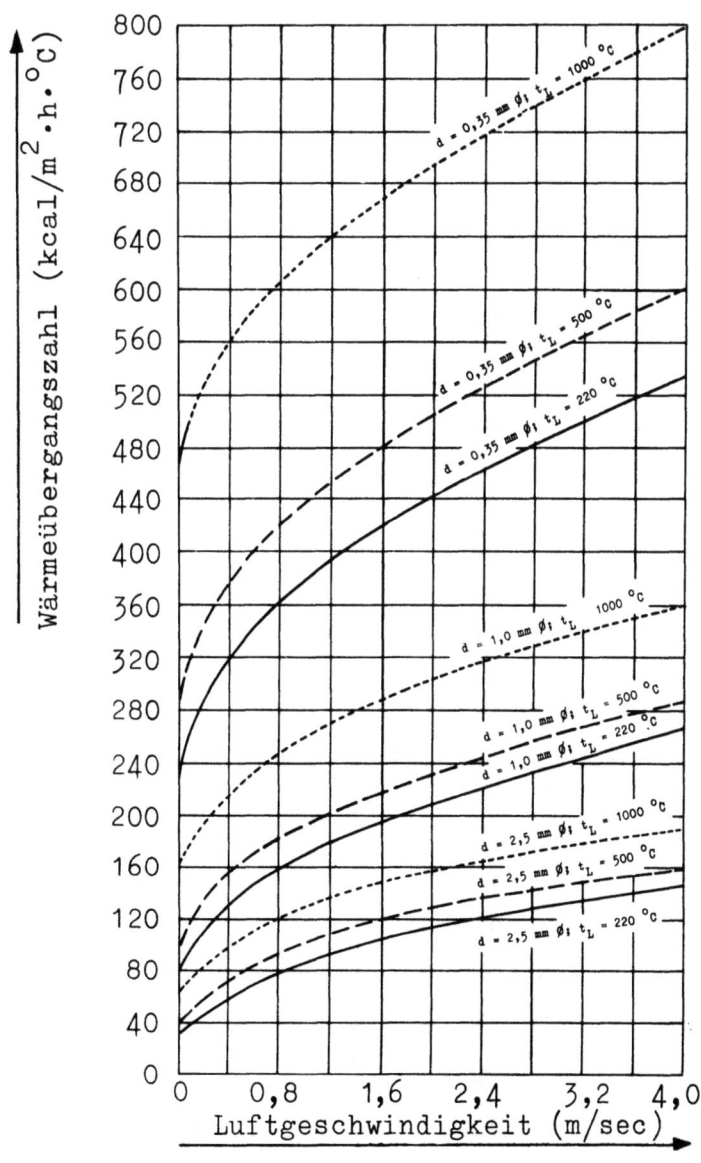

Abbildung 4

Wärmeübergangszahlen für Tropfen von 0,35, 1,0 und 2,5 mm ⌀ in Abhängigkeit von der Luftgeschwindigkeit bei Lufttemperaturen von 220, 500 und 1000 °C

Abbildung 4 zeigt die Wärmeübergangszahl für Tropfen von 0,35, 1,0 und 2,5 mm ⌀ in Abhängigkeit von der Luftgeschwindigkeit bei Lufttemperaturen von 220, 500 und 1000 °C.

Auf Grund dieser Erkenntnisse dürfte es als erwiesen gelten, daß der Wärmeübergang an einen in heißer Luft verdampfenden Wassertropfen mit hinreichender Genauigkeit durch die Beziehung (39)

$$\boxed{Nu = 2,83 + 0,6 \cdot Pr^{1/3} \cdot Re^{1/2}}$$

erfaßt werden kann.

III. Löschversuche

Mehr oder weniger systematische Löschversuche wurden vor allem im Ausland durchgeführt (67-72). Systematisch durchgeführte Löschversuche ergaben eine Abhängigkeit der günstigsten Tröpfchengröße vom Brennstoff; d.h. die günstigste Tröpfchengröße ergibt sich aus einem Kompromiß zwischen Verdampfung, Auftrieb etc. Über praktische Löscherfolge wird fast auch nur im ausländischen Schrifttum berichtet (43, 56, 73-75). Aus dem deutschen Fachschrifttum wird wohl ein Bericht über das erfolgreiche Ablöschen eines Barackenbrandes allgemein bekannt sein (76). Es ist damit zu rechnen, daß in Kürze weitere deutsche Veröffentlichungen folgen werden. Eine systematische Arbeit über das Löschen von Versuchsbränden (77) soll im nachstehenden Abschnitt behandelt und versucht werden, die Versuchsergebnisse zu klären.

1. Löschversuche bei Flüssigkeitsbränden

Die englischen Versuche bestanden darin, den Löscheffekt (Löschzeit) bestimmter Tropfengrößen unter gleichen Bedingungen an einer Reihe der gebräuchlichsten brennbaren Flüssigkeiten festzustellen. Die Auswahl war offenbar nach steigender Siedetemperatur getroffen worden (Alkohol, Benzol, Benzin, Leuchtöl, Gasöl und Trafoöl). Als Brandgefäß diente ein zylindrischer Behälter von 30 cm Durchmesser. Die Löschversuche wurden nach einer durchschnittlichen Brenndauer von 5 Minuten mit drei verschiedenen mittleren Tropfengrößen (0,28, 0,39 und 0,49 mm ⌀) bei gleichbleibendem Strahlrohrdruck (6 atü) und bei gleichbleibender Brandflächenbeaufschlagung (1,6 g Wasser/cm^2·min) durchgeführt. Die Löschzeiten sind in Spalte 13 der Tabelle 1 wiedergegeben.

Forschungsberichte des Wirtschafts- und Verkehrsministeriums Nordrhein-Westfalen

Tabelle 1

Abbrand- und Löschversuche von Flüssigkeiten in Behältern von 30 cm ⌀ und 10 cm Höhe

		Auto-Benzin	Benzol, gereinigt	Alkohol	Petroleum (Leuchtöl)	Dieselöl	Trafoöl
1	Spez. Gewicht (g/cm^3)	0,717	0,885	0,804	0,791	0,822	0,883
2	Flammpunkt (°C)	-40	-15	+12	+56	+95	+163
3	Siedebereich (°C)	35-200	80-83	78	180-250	225-350	290-380
4	Heizwert Hu (kcal/kg)	10200	9600	6400	10200	12000	12000
5	Luftbedarf (Nm^3/kg)	12,4	11	7,4	12	12	12
6	Füllhöhe des Behälters (mm)	92,8	89,5	92,8	87,2	91,2 / 93,5	92,8 / 85,7
7	Abbrandgeschwindigkeit nach 5 Min. Brenndauer (mm/min)	1,74	2,59	0,924	1,2	0,892 / 0,924	0,702 / 0,800
8	Mittlere Abbrandgeschwindigkeit für Gesamtfüllung (mm/min)	1,79	2,59	1,275	1,162	0,892 / 0,924	0,84 / 0,87
9	Temperatur nach 5 Min. Brenndauer in Behältermitte, 6,5 cm über Behälterrand (°C)	450	475	470	465	500 / 500	520 / 500
10	Temperaturmaximum unter Angabe des dazugehörigen Flüssigkeitsstandes (cm) in Behältermitte, 6,5 cm über Behälterrand (°C)	655 (0)	660 (1,8)	610 (7,95)	610 (0)	675 (7,8) / 657 (0,8)	677 (0,5) / 700 (0)
11	Temperatur nach 5 Min. Brenndauer in Behältermitte, 32 cm über Behälterrand (°C)	500	430	185	420	370 / 370	265 / 230
12	Temperaturmaximum unter Angabe des dazugehörigen Flüssigkeitsstandes (cm) in Behältermitte, 32 cm über Behälterrand (°C)	690 (1,9)	670 (5,6)	440 (5,82)	630 (7,95)	560 (7,67) / 552 (7,85)	485 (7,43 -1,1) / 442 (6,1-0)
13	Löschzeit in Sekunden — Tropfengröße 0,28 mm ⌀ / 0,39 mm ⌀ / 0,49 mm ⌀	10,9 / 37,0 / 93,0	9,3 / 57,0 / —	2,9 / 147,0 / 499,0	4,7 / 12,1 / 22,7	5,8 / 6,8 / 4,4	5,8 / 5,6 / 3,2

Es zeigte sich, daß nieder siedende Flüssigkeiten am günstigsten mit kleinen Tropfen und hoch siedende Flüssigkeiten am besten mit größeren Tropfen gelöscht werden, und daß sogar, wie z.B. beim Benzol bei einem Tropfendurchmesser von 0,28 mm der Versuchsbrand in 9,3 sec gelöscht wurde und bei einem Tropfendurchmesser von 0,49 mm ⌀ kein Löscheffekt mehr erreicht werden konnte. Auch gelang es, den Alkoholbrand mit Tropfen von

0,28 mm ⌀ in der verblüffend kurzen Zeit von 2,9 sec zu löschen, während bei Tropfen von 0,49 mm ⌀ 499 sec bis zur Erreichung des Löscheffektes erforderlich waren. Diese Versuchsergebnisse stimmen insofern mit den von NABERT und GERDESSEN (78) gefundenen überein, die feststellten, daß es nicht möglich ist, Alkoholbrände mit Wassersprühstrahlen zu löschen, es sei denn durch Verdünnung des Alkohols. Diese Experimentatoren hatten bei ihren Versuchen keine Rücksicht auf die Tropfengröße genommen, und es ist anzunehmen, daß der benutzte "Sprühstrahl" Tropfen mit einem größeren Durchmesser als 0,5 mm erzeugte.

Zur Klärung der Abhängigkeit der günstigsten Tropfendurchmesser von der Art der brennbaren Flüssigkeit wurden von der Forschungsstelle die physikalischen und wärmetechnischen Daten der bei den englischen Versuchen benutzten Flüssigkeiten zusammengestellt (Spez. Gewicht, Flammpunkt, Siedebereich, Heizwert und Luftbedarf) und Abbrandversuche durchgeführt. Bei diesen Versuchen wurden auch außer der Abbrandgeschwindigkeiten die Temperaturen über dem Behälter gemessen. Aus diesen Daten und Versuchsergebnissen (Abbrandverlauf), die ebenfalls in Tabbelle 1 aufgenommen sind, wurde versucht, die Versuchsergebnisse zu klären.

Unsere Versuchsauswertung besagt:

1. Brennbare Flüssigkeiten mit einer Siedetemperatur $< 80\ °C$ können bei Anwendung zerstäubten Wassers in wirksamer Weise nur durch Flammenlöschung und nicht durch Flüssigkeitskühlung gelöscht werden, da die Wassertropfen beim Durchschlagen der Flammen eine Temperatur bis zu $80\ °C$ annehmen. Die Flammenlöschung gestaltet sich um so wirksamer, je größer die Wasserdampfbildung in den Flammen infolge feinerer Tröpfchen bzw. größerer Tropfenzahl in der Raumeinheit des Wasserstaubstrahles wird. Dabei gilt die Voraussetzung, daß der Wasserstaubstrahl den Auftrieb des Feuers überwinden kann.

2. Brennbare Flüssigkeiten mit einer Siedetemperatur $> 80\ °C$ können bei Anwendung zerstäubten Wassers ebenfalls durch Flammenlöschung, sodann aber auch durch Flüssigkeitskühlung gelöscht werden. Zur Flüssigkeitskühlung sind gröbere Tropfen als zur Flammenlöschung wirksamer, da sie besser durch die Flammen hindurch zur Flüssigkeitsoberfläche durchschlagen. Je höher die Siedetemperatur der brennbaren Flüssigkeit, desto besser der Kühleffekt. Flüssigkeitskühlung ist nur solange möglich wie die Flüssigkeitstemperatur in tieferen Schichten unter $100\ °C$ liegt. In löschtech-

nischer Hinsicht bilden die hochsiedenden brennbaren Flüssigkeiten den Übergang zu den festen Brennstoffen.

Bei Bränden wirken also kleine Tropfen hauptsächlich durch Flammenlöschung und größeren Tropfen schlagen in größerem Umfang durch die Flammenzone hindurch und wirken so durch Kühlung des brennenden Materials. Bei nieder siedenden Flüssigkeiten entfällt bei Eindringen der Tropfen die Kühlung, da keine wesentliche Temperaturdifferenz mehr zwischen Tropfen und Flüssigkeit besteht. Bei Bränden mit starkem Auftrieb wird das Hindurchschlagen durch die Flammenzone bei kleinen Tropfen verhindert und darüber hinaus durch den Auftrieb die Flammenlöschung eingeschränkt. Große Tropfen können mit ihrer größeren kinetischen Energie jedoch noch durch die Flammen hindurch in die Flüssigkeit eindringen, sodaß beide Löscheffekte möglich sind. Liegt starker Auftrieb vor und siedet die Flüssigkeit bei hohen Temperaturen, so löschen größere Tropfen besser als kleinere. Die beim Abbrand von Transformatoren- und Dieselöl (hoher Siedebereich) gemessenen Temperaturen liegen 6,5 cm über der Behälteroberkante in der Tat höher als bei Benzin, Benzol, Alkohol und Petroleum, sodaß entsprechend bei ersterem der Auftrieb größer sein muß. Die aufgestellte Theorie wird somit durch den Versuch bestätigt.

2. Löschversuche bei Holzbränden

Löschversuche an Holzbränden wurden vor allem in Amerika von der »Underwriters Laboratory INC.« durchgeführt (79). In einer Brennkammer, die eine Grundfläche von 91,5 x 91,5 cm hatte und 152,5 cm hoch war, befand sich über einer Pfanne auf einem Rost ein kreuzförmig angeordneter Holzstoß von ungefähr 15,25 cm Höhe. Die Abmessungen der einzelnen Scheite waren 1,27 x 0,63 x 15,24 cm. In jeder Reihe befanden sich 5 Scheite bei einem Abstand von ca. 2,2 cm. In zwei gegenüberliegenden Seiten der Brennkammer waren Ventilationsöffnungen von 30,6 x 30,6 cm angeordnet, die verschlossen werden konnten. Eine weitere Öffnung von 5,8 cm Durchmesser, 25,4 cm über dem Boden gelegen, dient zur Einführung des Wasserstaubstrahlrohrs (bei horizontalem Löschvorgang). Der Löschvorgang erfolgte horizontal oder senkrecht von oben bei Verwendung verschiedener Düsen mit verschiedenen mittleren Tropfendurchmessern und verschiedenen Wasserflüssen.

Bei diesen Versuchen wurden leider mit der Tropfengröße auch die in der Zeiteinheit aufgebrachten Wassermengen geändert, sodaß der Einfluß der

Tropfengröße nicht genau erfaßt werden konnte. Bei den Versuchen mit der Düse geringster Wasserlieferung und der zweitkleinsten angewandten Tropfengröße zeigte sich jedoch deutlich die Überlegenheit der horizontalen Strahlrohranordnung gegenüber der senkrechten.

IV. Bedingungen und Untersuchungen des Wasserstaubstrahls

1. Allgemeines

In den vorherigen Absätzen wurde gezeigt, daß ein Wasserstaubstrahl Tropfen verschiedener Größen erzeugt. Es steht noch aus, den Einfluß der zusammensetzung des Tropfenspektrums auf die Löschwirkung genau zu untersuchen. Die günstigste Tropfengröße konnte in gewissen Grenzen anhand von Versuchen und Berechnungen ermittelt werden. Im Hinblick auf den Auftrieb des Feuers dürfte jedoch zur direkten Brandbekämpfung ein Strahlrohr günstiger sein, das einen größeren Bereich des Tropfenspektrums umfaßt als ein solches, das nur ein schmales Tropfenspektrum erzeugt. Die entsprechenden Versuche setzen jedoch eine einwandfreie Messung des Tropfenspektrums voraus, was bis jetzt noch nicht möglich war.

2. Erforderlicher Wasserfluß und Wasserflußmessungen

Die im Wasserstaubstrahl enthaltene Wassermenge muß so groß sein, daß sie mehr Wärme zu binden vermag, als vom Brandherd im Bereich des Löschstrahls entwickelt wird. Auf die Energiebilanz eines Brandes (80) braucht an dieser Stelle nicht eingegangen zu werden. Es mag der Hinweis genügen, daß theoretisch bei Berücksichtigung eines Löschwirkungsgrades für das Ablöschen einer 1 m^2 großen, brennenden, ebenen Eichenholzfläche etwa 20 l Wasser pro Minute erforderlich sind. Diese Wassermenge kann natürlich nicht als Mindestwasserlieferung des Wasserstaubstrahls angesehen werden. Die Arbeitstagung des Unterausschusses "Wasserzerstäubung" vom 17.10.52 (vgl. I) empfahl, Rohre mit einer Wasserlieferung von 100 l/min bei einem Druck von 5 atü vor dem Strahlrohr herzustellen, die nach Möglichkeit auf Vollstrahl (100 l/min bei 5 atü) umstellbar sein sollten. Der später aufgestellte Normblatt-Entwurf DIN 14365 sieht 100 und 400 l/min bei 4 atü vor.

Von der Forschungsstelle wurden inzwischen etwa 25 Rohre vermessen, die eine Wasserlieferung von 20 - 300 l/min hatten. Nur wenige lieferten die empfohlene Wassermenge von 100 l/min bei 5 atü Strahlrohrdruck. Ein 400 l-Rohr ist nicht bekannt. Die Messungen der Wasserlieferung erfolgte mit Hilfe einer Wasseruhr.

Fast alle der vermessenen Rohre befinden sich inzwischen im praktischen Einsatz, umfassende Unterlagen über ihre Bewährung liegen noch nicht vor.

3. Wurfweite von Wasserstaubstrahlrohren

a) Allgemeines

Im Zusammenhang mit der Tatsache, daß zum Löschen eines Brandes eine bestimmte Mindestwassermenge auf den Brandherd aufgebracht werden muß, genügen für das Wasserstaublöschverfahren die bisherigen Erkenntnisse von der Wasserlieferung der Strahlrohre in Abhängigkeit vom Wasserdruck und Mundstückweite allein nicht mehr. Da auf dem Weg durch die Luft beim Wasserstaubstrahl wesentlich mehr Wasser als beim Vollstrahl verloren geht, ist es von Interesse zu wissen, welcher Anteil der Ausgangswassermenge in gewissem Abstand vom Strahlrohr für den Löschvorgang noch zur Verfügung steht. Es genügt aber nicht nur, Wasser in ausreichender Menge an den Brandherd heranzubringen, sondern auch Wasserschäden bei der Brandbekämpfung zu vermeiden. Diese Überlegungen machen es notwendig, die Rohre richtig zu dimensionieren und den einsatzmäßig wichtigen Begriff der Reichweite des Wasserstaubstrahls näher zu erklären.

Für die Beurteilung von Wasserstaubstrahlrohren könnte man etwa die Sprinkler-Richtlinien heranziehen, die besagen, daß jede Löschbrause mindestens 60 l/min liefern soll. Diese Wassermenge reicht für 9 m^2 Bodenfläche bei normalen Verhältnissen

$$60 : 9 = 6{,}67 \cong 7 \text{ l/m}^2\text{/min} = 70 \text{ cm}^3\text{/dm}^2\cdot\text{min}$$

und für 6,5 m^2 Bodenfläche bei Getreidemühlen

$$60 : 6{,}5 = 9{,}24 \cong 10 \text{ l/m}^2\cdot\text{min} \quad [81]$$

Diese geforderten Werte sind auf die bei Durchschnittsbränden im Anfangszustand freiwerdenden Wärmemengen abgestimmt. Als Reichweite der Wasserstaubstrahlrohre könnte man also die Entfernung ansehen, bei der noch 7 bzw. 10 l Wasser (entsprechend den Sprinkler-Richtlinien) oder 20 l Wasser pro Minute (entsprechend der Wärmebilanz nach Absatz IV, 2, und bei Berücksichtigung der Verluste durch den Auftrieb des Feuers und Vernachlässigung der Stickwirkung des sich bildenden Dampfes) auf den m^2 Bodenfläche auftreffen. Die Forschungsstelle stellte einen Vorschlag zur Diskussion (6), da bei Wurfweitenmessungen die Verluste durch den Auftrieb der Brandgase nicht berücksichtigt werden können, nachdem als "Reich- oder Wurfweite" einer Zerstäuberdüse diejenige Entfernung angesehen werden soll, bei der noch 50 % des zerstäubten Wassers auf eine Kreisfläche von 1 m^2 (d = 1,13 m ⌀) senkrecht zur Wurfrichtung gelangen. Die Kreisfläche wurde vorgeschlagen, weil die Wassertröpfchen (Spezialdüsen, z.B. Breitstrahldüsen, ausgenommen) kegelförmig aus der Zerstäuberdüse austreten. Als Mindestreichweite wurden 8 m bei einem Wasserdruck von 5 atü vor dem Strahlrohr empfohlen. Es ist uns verschiedentlich entgegengehalten worden, daß die Reichweite des Strahles unerheblich sei, weil ja das Wasserstaublöschverfahren auf Brände in geschlossenen Räumen beschränkt bleibe, bei denen der Wasserstaub indirekt zur Wirkung kommt. Aus einsatztechnischen Gründen möchten wir aber doch darauf bestehen, daß die Erzielung bestimmter Reichweiten bei Zerstäuberrohren zur Bedingung gemacht wird. Im Anschluß an die ersten Messungen nach der von uns vorgeschlagenen Methode empfahl der Unterausschuß "Wasserzerstäubung" Wasserstaubstrahlrohre mit einer Reichweite von 6 m entsprechend unserer Definition zu konstruieren. Der im Juli 1954 aufgestellte Normblatt-Entwurf sieht vor, daß in einer Entfernung von 6 m von der Düse noch mindestens 75 % der vom Sprüh- oder Wasserstaubstrahl geführten Wassermenge auf die senkrecht stehende Fläche von 1 m^2 treffen soll.

Bei der Aufstellung dieser verschärften Forderung sollte man auch an die meßtechnische Durchführung denken. Da bei großen Wassermengen und kurzer Entfernung im Auffanggerät zwangsweise Rückschlag auftritt, sollte man lieber die von uns vorgeschlagene Forderung (50 % bei 8 m Entfernung) akzeptieren, da diese Messungen genauer werden, weil der Rückschlag geringer wird.

b) Theoretische Berechnung der Wurfweite von Wassertropfen

Die Flugbahn eines einzelnen, ruhende Luft durchfliegenden Wassertröpfchens ist eine ballistische Kurve. Sie ergibt sich aus der Austrittsenergie aus der Düse und den Einflüssen von Luftwiderstand und Schwerkraft. Der Luftwiderstand K_w, dem das Wassertröpfchen begegnet, ist gleich dem Produkt aus Widerstandsbeiwert des Tröpfchens, Tropfenquerschnitt und Staudruck der Luft.

$$K_w = c_w \frac{\pi \cdot d^2}{4} \cdot \frac{v^2 \cdot \rho_L}{2} \quad [\text{kg}] \tag{40}$$

wobei bedeutet:

c_w = Widerstandsbeiwert

$\frac{\pi \cdot d^2}{4}$ = Tropfenquerschnitt

$\frac{v^2 \cdot \rho_L}{2}$ = Staudruck der Luft

$\rho_L = \gamma_L/g$ = Spez. Dichte der Luft

Der Widerstandsbeiwert ist keine konstante, sondern über die kinematische Zähigkeit ν des die Bewegung hindernden Mediums eine temperaturabhängige Größe und wird gewöhnlich als eine Funktion der REYNOLDS-schen Zahl

$$Re = \frac{v \cdot d}{\nu}$$

dargestellt (82).

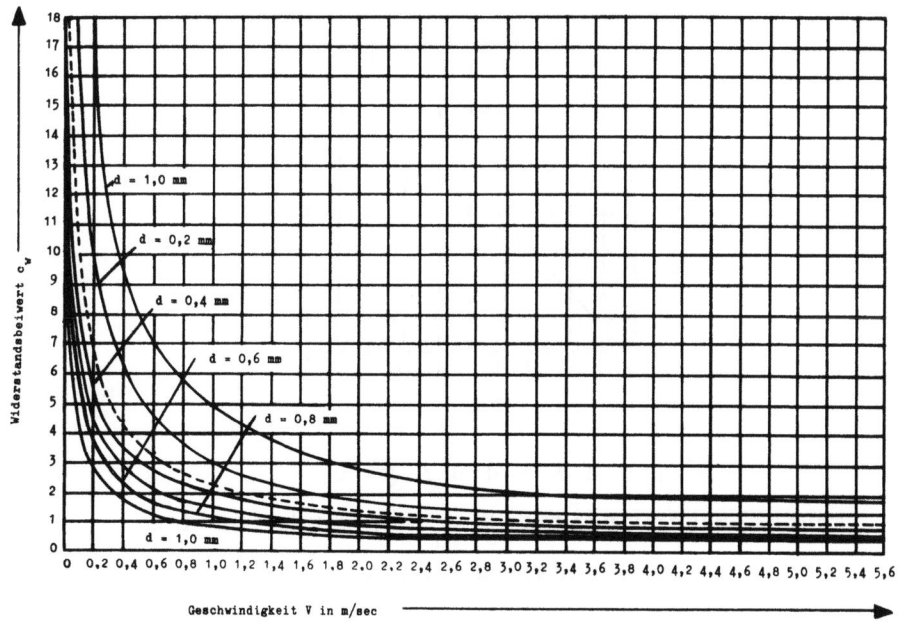

Abbildung 5

Widerstandsbeiwert c_w kleiner kugelförmiger Teilchen im Luftstrom bei $t = 20\,^\circ C$; ----- $d = 0,35$ mm

Hält man Temperatur und Tropfengröße konstant, dann wird c_w eine reine Funktion von v (Abb. 5). Da c_w eine empirische Funktion ist, deren angenäherte mathematische Erfassung in den einzelnen Bereichen von Re nur in voneinander abweichenden Darstellungen gelingt, läßt sich c_w nicht allgemein als Funktion von v angeben und in Gleichung (40) einführen. Das gleiche gilt bei Konstanthaltung von Temperatur und Geschwindigkeit für die mathematische Erfassung von c_w als Funktion des Tropfendurchmessers d. An Stelle von komplizierten Näherungsformeln für einzelne Bereiche benutzt man daher für Rechnungen wie die folgende zweckmäßig die c_w-Werte einer Kurve, die man je nach dem gewünschten Parameter aus der empirischen Kurve $c_w = f(Re)$ umrechnet. Zerlegt man die Anfangsgeschwindigkeit eines Wassertropfens in seine horizontale und vertikale Komponente, so ist bei der horizontalen Komponente nur der Luftwiderstand, bei der vertikalen Komponente Luftwiderstand und Schwerkraft zu berücksichtigen. Der waagrechte Geschwindigkeitsanteil nimmt beim Durchfliegen ruhender Luft schnell gegen Null ab. Die vertikale Komponente dagegen strebt einem Grenzwert, der sogenannten Endfallgeschwindigkeit zu, die das Gleichgewicht zwischen Tropfengewicht G und Luftwiderstand K_w bestimmt. Jeder Tropfengröße ist also in der Atmosphäre eine bestimmte Endfallgeschwindigkeit zugeordnet (Abb. 6).

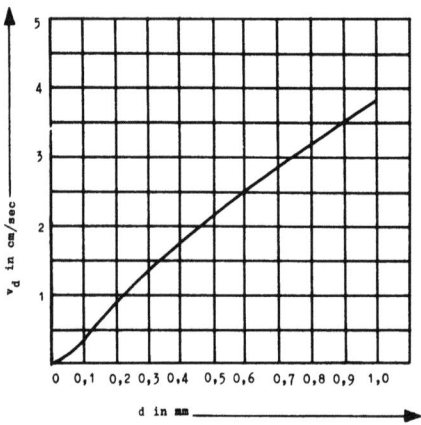

A b b i l d u n g   6

Endfallgeschwindigkeit v_d als Funktion des
Tropfendurchmessers d

$$v_d = f(d) \tag{41}$$

Auf die mathematische Behandlung des Problems der Endfallgeschwindigkeit, die die untere Grenze der relativen Tropfengeschwindigkeit in der Luft darstellt, kann hier verzichtet werden.

Durch Anwendung des Grundgesetzes der Mechanik (Kraft = Masse mal Beschleunigung) läßt sich die Verzögerung -b, die der Wassertropfen mit der Masse m durch den Luftwiderstand K_w erleidet, bei Vorgabe einer bestimmten Tropfenanfangsgeschwindigkeit berechnen. Diese Berechnung kann man sowohl für die Horizontalkomponente als auch für die Vertikalkomponente der Tropfengeschwindigkeit getrennt ausführen. Nehmen wir jetzt als Hozizontalkomponente die Tropfenanfangsgeschwindigkeit v_o, was bedeuten würde, daß der Tropfen in horizontaler Richtung aus der Düse austritt, so folgt nach dem Grundgesetzt der Mechanik für die Hozizontalbewegung des Tropfens ohne Berücksichtigung der Schwerkraft:

$$-b_o = -\frac{K_w}{m} = -c_w \frac{3 \cdot \gamma_L \cdot v_o^2}{4 \cdot d \cdot \gamma_w} \qquad (42)$$

Hierbei ist c_w aus Abbildung 5 zu entnehmen. Für eine genügend kleine Zeit Δz erhält man dann als Näherungswert die Geschwindigkeitsabnahme

$$-\Delta v_o = -b_o \cdot \Delta z \qquad (43)$$

und für die Tropfengeschwindigkeit nach Δz Sekunden im Zeitpunkt z_1

$$v_1 = v_o - \Delta v_o \qquad (44)$$

Der zugehörige Anteil des Weges, den der Tropfen in der Zeit Δz zurückgelegt hat, beträgt

$$s_1 = \frac{v_o + v_1}{2} \cdot \Delta z \qquad (45)$$

Durch stufenweise Integration lassen sich so Geschwindigkeitsverlauf und zugehöriger Weganteil finden. Die Reichweite S ist dann

$$S = \sum_{s=s_1}^{s=s_n} s \qquad (46)$$

Die Ergebnisse dieser langwierigen Rechnungen sind in den Abbildungen 7 und 8 dargestellt. Man ersieht aus ihnen, daß ein Wassertröpfchen vom Durchmesser $d = 0{,}35$ mm bei einer Anfangsgeschwindigkeit $v_o = 30$ m/sec eine Flugweite von etwa 1,50 m haben wird.

Man muß sich jedoch vergegenwärtigen, daß hierbei von einem etwaigen Massenverlust des Tröpfchens infolge Verdunstung während des Fluges abgesehen worden ist. Solch ein Massenverlust würde die errechnete Reichweite des Tröpfchens vermindern.

Forschungsberichte des Wirtschafts- und Verkehrsministeriums Nordrhein-Westfalen

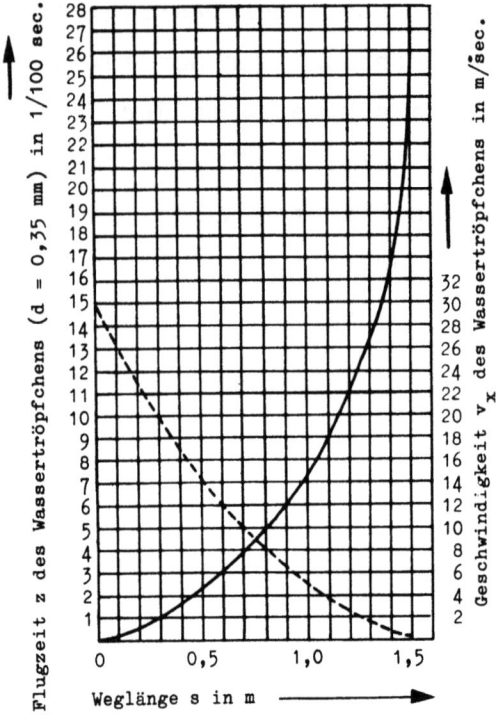
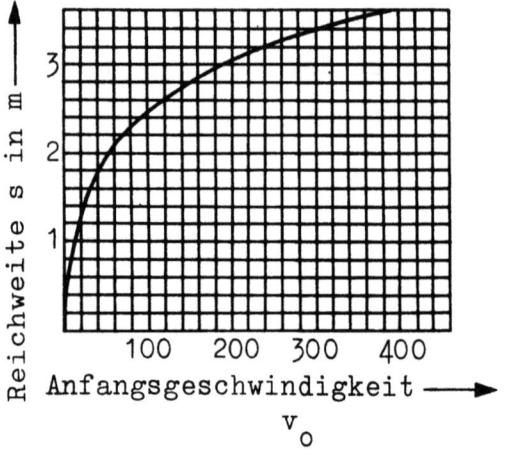

Abbildung 7
Tropfenbewegung auf Grund der
horizontalen Geschwindigkeits-
komponente v_x gegen den Luftwiderstand, ohne Berücksichtigung der
Schwerkraft
——— $z = f(S)$; ----- $v_x = f_1(S)$

Abbildung 8
Theoretische Reichweite eines
Wassertropfens vom Durchmesser
$d = 0,35$ mm in Abhängigkeit von
seiner Anfangsgeschwindigkeit v_o

Über die Möglichkeit, durch Steigerung des Strahlrohrdruckes P_o die Reichweite S zu erhöhen, läßt sich folgendes sagen:

Die Tropfenanfangsgeschwindigkeit v_o wächst nach (13) nur mit der Wurzel aus P_o. Nach Abbildung 8 wächst die Reichweite S in Anbetracht des parabelförmigen Kurvenverlaufes in ähnlicher Weise etwa mit der Wurzel aus v_o. Danach also wächst die Reichweite eines Wassertröpfchens vom Durchmesser $d = 0,35$ mm etwa mit der 4. Wurzel aus P. Rein mathematisch und ohne Berücksichtigung des inneren Zusammenhaltes des Tropfens würde allein hieraus folgen, daß der Versuch, durch Steigerung des Strahlrohrdruckes die Reichweite eines einzelnen, ruhende Luft durchfliegenden Wassertröpfchens von 0,35 mm Durchmesser auf 6 m oder sogar 8 m zu erhöhen, auf sehr große (für die Feuerwehr unanwendbare) Drücke führen würde.

Die Beobachtung hat nun gezeigt, daß bei einem Wasserstaubstrahl nicht alle Wassertröpfchen gleich groß sind und demgemäß auch nicht alle die gleiche Reichweite besitzen können. Weiterhin ist jedoch die sehr viel bedeutsamere Beobachtung gemacht worden, daß im Wasserstaubstrahl ein Teil der Tröpfchen, und zwar nicht nur die größeren Tropfen, wesentlich weiter fliegen, als obige theoretische Ergebnisse erwarten lassen. Aus dieser Tatsache muß man schließen, daß die für ein einzelnes Wassertröpfchen gültigen Voraussetzungen der Dynamik des Wasserstaubstrahls nicht mehr gerecht werden.

Wie bei allen Bewegungs- und Strömungsvorgängen muß man auch beim Wasserstaubstrahl zwischen Anlauf und stationärem Zustand unterscheiden. Der Anlauf erstreckt sich auf die Erregung eines Luftstromes durch die nach Öffnung der Düse aus derselben austretenden Wassertröpfchen. Nur die allerersten Wassertröpfchen treffen auf ruhende Luft und nur für sie gelten die vorstehenden Betrachtungen des Einzeltropfens in vollem Umfang. Durch den entstehenden Luftstrom, der schnell einem stationären Zustand zustrebt, wird der Luftwiderstand herabgesetzt und somit die Reichweite des Wassertröpfchens erhöht. Randzone und Inneres des Wasserstaubstrahles werden verschieden stark beeinflußt. Für unsere Untersuchung der Reichweite des Wasserstaubstrahles ist der stationäre Zustand maßgebend.

Es liegt nun nahe, den Wasserstaubstrahl mit einem reinen Luftstrahl zu vergleichen. In beiden Fällen ist die aus der Umgebung mitgerissene Luft in ganz ähnlicher Weise am Zustandekommen der stationären Strömung beteiligt. Die Übereinstimmung zwischen Luftstrahl und Wasserstaubstrahl dürfte um so besser sein, je kleiner die Wassertröpfchen werden. Ein feiner Luftstrahl breitet sich, wie die Beobachtung ergeben hat, bei hinreichend großer REYNOLDS'scher Zahl recht genau und unabhängig von der Düsenaustrittsgeschwindigkeit in der Form eines geometrischen Kegels aus. Den Öffnungswinkel des Strahlkegels an der Düsenöffnung hat man mit $14°$ gemessen (82). Die geometrischen Verhältnisse sind in Abbildung 9 dargestellt.

$$\operatorname{tg} \beta = \frac{1x}{x} = \frac{1}{8} \; ; \; 2\beta = 14° \qquad (47)$$

Wir wollen jetzt annehmen, daß der Wasserstaubstrahl im stationären Zustand ohne Berücksichtigung der Schwerkraft ebenfalls die Form eines geometrischen Kegels hat. Bei unendlich feiner Zerstäubung dürfte dann der Öffnungswinkel des Strahlkegels bei geeigneter Düsenkonstruktion, genau so wie beim reinen Luftstrahl $14°$ und somit der Durchmesser des vertikalen

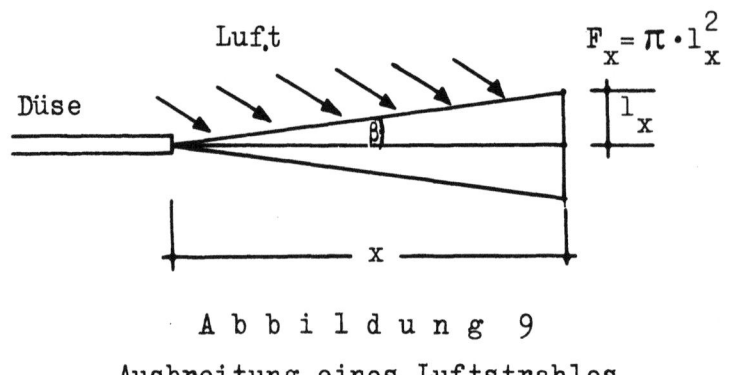

A b b i l d u n g 9
Ausbreitung eines Luftstrahles

Strahlquerschnitts in 8 m Entfernung von der Düse, auf dem also 100 % der ausgestrahlten Wassermenge ankommen, 2 m betragen. Auf einer 1 m^2 großen Fläche in 8 m Entfernung müßten dann bei gleichmäßiger Wasserverteilung 32 % der gesamten Wassermenge ankommen.

Sind die Wassertröpfchen nicht unendlich klein, so wird bei gleichbleibendem Wasserfluß die Gesamtoberfläche der Wassermenge kleiner. Da nun die Reibung im wesentlichen von der Grenzfläche Luft/Wasser, d.h. von der Tropfenoberfläche abhängt, wird die Reibung und somit die Menge der mitgerissenen Luft kleiner. Dabei ist unveränderte Tropfenanfangsgeschwindigkeit vorausgesetzt. Die Verminderung der zu beschleunigenden Luftmenge bedeutet aber, daß das Kegelvolumen, d.h. bei gleichbleibender Kegelhöhe (Entfernung x zwischen Düse und vertikalem Strahlquerschnitt F_x) die Grundfläche des Kegels und somit sein Öffnungswinkel kleiner als $14°$ wird.

Hieraus dürfte folgen, daß der Öffnungswinkel eines Wasserstaubstrahles, der aus gleichgroßen Tröpfchen besteht, wohl eine von der Düsenform und der Zerstäubungsart abhängige, im übrigen aber eine vom Strahlrohrdruck weitgehend unabhängige Funktion der Tröpfchengröße sein müßte. Im besonderen müßte, wenn infolge geeigneter Düsenkonstruktion die Wassertröpfchen sämtlich in der gleichen Geschwindigkeitsrichtung aus der Düse austreten, der Öffnungswinkel als Funktion der Tröpfchengröße zwischen den Grenzen 0 (Vollstrahl) und $14°$ (unendlich feine Zerstäubung) liegen.

In diesem Zusammenhang ist es bedeutsam, aufgrund unserer an Zerstäubungsstrahlrohren durchgeführten Untersuchungen festzustellen, daß die bisherigen Zerstäubungsstrahlrohre Tropfen von sehr erheblichem Größenunterschied erzeugen und daß zudem die "mittlere" Tropfengröße sich stark mit dem Strahlrohrdruck ändert. Bedenkt man, daß kleine und große Tropfen infolge ihrer verschiedenstarken Abbremsung durch den Luftwiderstand auf

Forschungsberichte des Wirtschafts- und Verkehrsministeriums Nordrhein-Westfalen

ihrem Fluge kollidieren und dadurch Anlaß zu Tropfenvereinigung sowie Tropfenspaltung geben werden, so zeigt sich, daß durch eine unterschiedliche Tropfengröße die Dynamik des Wasserstaubstrahles kompliziert wird und daß diese Komplizierung mit dem Größenunterschied der Tropfen wächst. Unter Beobachtung unserer Erkenntnisse über eine günstige Tröpfchengröße für den Löscheffekt dürfte es also sowohl für die Praxis als auch für die wissenschaftliche Erfassung des ganzen Fragenkomplexes von großer Wichtigkeit sein, wenn es gelingen würde, Zerstäubungsrohre zu entwickeln, die weitgehend unabhängig vom Strahlrohrdruck eine möglichst einheitliche Tropfengröße erzeugen.

Für unsere Wassertröpfchen vom Durchmesser d = 0,35 dürfte aus dem Vorherigen hervorgehen, daß die seinerzeit von der Forschungsstelle in Vorschlag gebrachte Forderung für Zerstäubungsstrahlrohre (6), wonach mindestens 50 % der ausgestrahlten Wassermenge in 8 m Entfernung von der Düse auf einer senkrechten 1 m^2 großen Kreisfläche ankommen sollen, nicht unerreichbar erscheint. Setzt man gleichmäßige Wasserverteilung über den senkrechten Strahlquerschnitt F_x voraus, so würde mit F_x = 2 m^2 der Durchmesser des Strahlquerschnittes in 8 m Abstand von der Düse 1,60 m und somit der Öffnungswinkel des Kegels 11,4° betragen. Vergleicht man diese Werte mit denen des reinen Luftstrahls, so könnte man annehmen, daß sie durch geeignete Düsenkonstruktion erreichbar sein dürften.

Mit Hilfe des Impulssatzes läßt sich ferner, wenn man wie bisher von der Schwerkraft absieht, unter der Annahme, daß im Wasserstaubstrahl Luftteilchen und Wassertröpfchen annähernd die gleiche Geschwindigkeit v_x annehmen, eine Beziehung zwischen der Wasserlieferung Q_W der Düse pro Zeiteinheit, der Tropfengeschwindigkeit v_o, dem senkrechten Strahlquerschnitt F_x und der Tropfengeschwindigkeit v_x im Abstand x von der Düse ableiten. Der Impuls pro Sekunde, der von der sekundlich ausgestrahlten Wassermenge Q_W ausgeht, ist gegeben durch

$$I_o = Q_W \cdot \rho_W \cdot v_o \tag{48}$$

Das Volumen des Wasser/Luft-Gemisches, das pro Sekunde durch den Querschnitt F_x des Wasserstaubkegels mit der Geschwindigkeit v_x hindurchgeht, läßt sich angeben mit

$$Q_W + Q_L = F_x \cdot v_x \tag{49}$$

Da der Impuls erhalten bleibt, gilt für den Querschnitt F_x

$$(Q_W \cdot \rho_W + Q_L \cdot \rho_L) \cdot v_x = I_x = I_0 \tag{50}$$

Eleminiert man hier nach (49) die Luftmenge Q_L, so ergibt sich

$$F_x v_x^2 + Q_W \left(\frac{\rho_W}{\rho_L} - 1 \right) \cdot v_x = I_0 \cdot \frac{1}{\rho_L} \tag{51}$$

Aus dieser Anwendung des Impulssatzes kann man zunächst schließen, daß der Rückdruck des Wasserstaubstrahls als Reaktionsimpuls offensichtlich in Beziehung zur Reichweite des Wasserstaubstrahls steht. Man kann bei einem Zerstäubungsstrahlrohr ebensowenig wie bei einem Vollstrahl eine gute Reichweite erwarten, wenn dasselbe nur einen geringeren Rückdruck besitzt.

Die Gleichung (51) kann man nun in verschiedener Weise, je nach den zugrunde gelegten Bedingungen, diskutieren. Nehmen wir an, die Forderung, 50 % der ausgestrahlten Wassermenge sollen in 8 m Entfernung von der Düse auf einer 1 m^2 großen Kreisfläche ankommen, ließe sich durch geeignete Düsenkonstruktion verwirklichen. Dann würde nach (51) aus $Q_W = 100$ l/min $= 1,67 \cdot 10^{-3}$ m^3/sec, $F_x = 2$ m^2 und $v_0 = 30$ m/sec für die Horizontalgeschwindigkeit des Luft/Wasser-Gemisches v_x in 8 m Entfernung von der Düse $v_x = 4,2$ m/sec folgen. Diese absolute Tropfengeschwindigkeit von 4,2 m/sec liegt erheblich über der dem Tropfen vom Durchmesser d = 0,35 mm zukommenden Endfallgeschwindigkeit von 1,5 m/sec. Berücksichtigt man nun noch den Einfluß der Schwerkraft, so läßt sich schließlich die Flugbahn der Wassertröpfchen innerhalb des Wasserstaubstrahles noch näher erfassen. Aus $v_0 = 30$ m/sec und $v_x = 4,2$ m/sec ergibt sich für die Strecke von 8 m eine Flugzeit von 0,45 sec. Da die Endfallgeschwindigkeit des betrachteten Tröpfchens (d = 0,35 mm ∅) 1,5 m/sec beträgt, ist der Fallweg des Tröpfchens in 0,45 sec. kleiner als 0,68 m. Der Querschnitt des Wasserstaubstrahles in 8 m Abstand vom Strahlrohr wird also um eine Strecke vertikal nach unten verschoben, die kleiner als 0,68 m ist und für die Praxis erträglich sein dürfte. Es ist natürlich möglich, diese Querschnittsverschiebung genauer zu berechnen, wovon hier jedoch abgesehen werden soll. Zu bemerken bleibt hier noch, daß die Größe der Querschnittsverschiebung den Anwendungsbereich der Gleichung (51) für die Praxis einschränkt.

Trotz dieser Einschränkung dürfte nach obigen Darlegungen der Schluß berechtigt erscheinen, daß ein Wasserstaubstrahlrohr von guter Löschwirkung und genügender Reichweite auch ohne Heraufsetzung der heute bei der Feuerwehr üblichen Pumpendrücke herstellbar sein müßte. Die Aufgabe zur Erreichung dieses Zieles dürfte darin bestehen, durch geeignete Düsenkonstruktion

a) die tatsächliche Zerstäubungsarbeit einschließlich Reibungsverlusten zu vermindern,

b) den Öffnungswinkel des Wasserstaubstrahles und damit die zu beschleunigende Luftmenge so klein zu halten, daß unnötige Energieverluste vermieden werden.

c) Wurfweitenmessungen

Die z.Zt. gebräuchlichen und veröffentlichten Methoden zur Messung der Wurfweite sind:

> die Lichtbild-Auswertung
> die Aufnahme des Wasserbildes am Boden
> das Auffangen des Wasserstaubes auf einer
> senkrecht zum Strahlrohr stehenden Fläche

1) Lichtbild-Auswertung

Bei diesem Verfahren wird das Strahlrohr vor einer mit einem Gitternetz versehenen schwarzen Wand eingespannt und in Betrieb genommen (83-86). Alsdann wird die Form des Strahles im Lichtbild festgehalten. Aus der Größe und Form der Wasserwolke lassen sich Schlüsse auf die Wirksamkeit des Strahles bei verschiedenen Drücken ziehen, und verschiedene Strahlrohrtypen miteinander vergleichen. Abbildung 10 zeigt das Wasserbild für ein bestimmtes Wasserstaubstrahlrohr bei einem Druck von 4 atü, und

A b b i l d u n g 10
Strahlform bei einem Druck von 4 atü

Abbildung 11
Strahlform bei einem Druck von 9 atü

Abbildung 11 bei einem Druck von 9 atü vor dem Strahlrohr. Aus den Lichtbildern ist die Steigerung der Wurfweite von ca. 5 m auf 7,5 m, wenn man als Wurfweite die Entfernung ansieht, bei der die am weitesten fallende Masse der Tropfen auf den Boden trifft, deutlich ersichtlich. Die Lichtbilder sagen aber nur wenig über die in den verschiedenen Querschnitten des Strahles verfügbare Wassermenge, und so gut wie nichts über die Wasserverteilung im Strahlkegel aus. Schlüsse in Bezug auf die Wurfweite des Wasserstaubstrahles zu ziehen, ist bei diesem vor allem in den USA angewandten und in der Fachliteratur des Auslandes beschriebenen Verfahren dem subjektiven Eindruck des Bildbetrachters überlassen. Neuerdings ist man dazu übergegangen, das Lichtbild photometrisch auszuwerten, um daraus Aussagen über die Wasserverteilung machen zu können.

2) Aufnahme des Wasserbildes am Boden

Diese Methode gestattet im Gegensatz zur vorherigen konkrete Messungen. Der zu Boden sinkende Wasserstaub wird in gitterförmig angeordnete Behälter aufgefangen und mengenmäßig ermittelt. Die Auswertung des Versuches erfolgt graphisch, indem man für jede quer zur Spritzrichtung verlaufende Behälterreihe eine besondere Kurve der aufgefangenen Wassermenge zeichnet. Aus diesen Kurvenscharen wird dann eine andere entwickelt (Abb. 12), die als Wasserbild Rückschlüsse auf die Wassermengenverteilung im Strahl zu ziehen gestattet. Das Wasserbild ist vergleichbar mit der Darstellung eines Berges in Schichtlinien. Im Sinne der Ausführungen nach Abschnitt IV, 3, a, würde die Wurfweite des Wasserstaubstrahls durch den Punkt bestimmt sein, in dem die Strahlrohrachse die Linie zum zweitenmal schneidet, die dem Wert 70 $cm^3/dm^2 \cdot min$ entspricht.

Die Abbildung 12 zeigt eigene Meßergebnisse der Forschungsstelle für

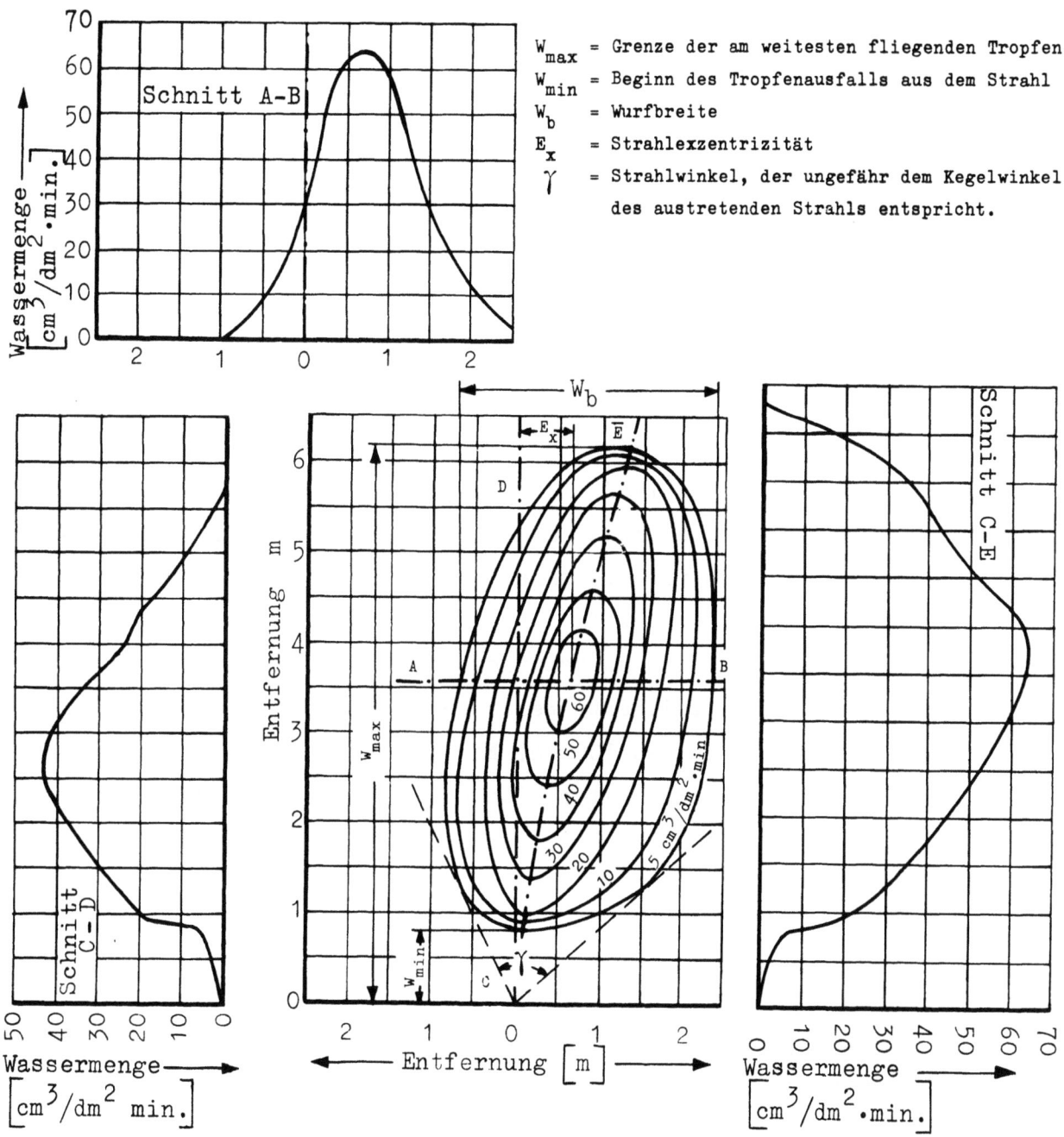

Abbildung 12
Wasserbild eines Wasserstaubstrahlrohrs

Feuerlöschtechnik für ein ausländisches Wasserstaubstrahlrohr bei einem Druck von 4,5 atü. Die Messungen mußten leider im Freien bei geringer Luftbewegung durchgeführt werden. Der Einfluß des Windes ist im Diagramm deutlich erkennbar.

Die Anwendung dieser Meßmethode wäre für Wasserstaubstrahlrohre, die speziell für die Bekämpfung von Flüssigkeitsbränden konstruiert sind, zu empfehlen, da es hier darauf ankommt, eine möglichst große Fläche mit einer ausreichenden Wassermenge gleichmäßig abzudecken.

3) Auffangen des Wasserstaubes auf einer senkrecht zum Strahlrohr stehenden Fläche

Entsprechend unserem Vorschlag zur Definition der Wurfweite von Wasserstaubstrahlrohren wurde von der Forschungsstelle eine neue Meßanordnung entwickelt und erprobt.

Das zunächst verwendete Meßgerät bestand aus drei konzentrisch ineinandergeschobenen Rohrstutzen, die in der Waagrechten durch ein Blech so unterteilt waren, daß über dem Blech die Meßfelder 1-5 und unter demselben die Meßfelder 6-8 entstanden (s. Abb. 13). Die Gesamtfläche der Meßfelder 1-8 betrug 1 m^2. Das Trennblech wurde eingezogen, um eine Möglichkeit der Kontrolle des Strahlabfalls (Wurfparabel) zu haben. Die Rohrstutzen wurden durch eine Rückwand abgeschlossen, in der sich Entlüftungsstutzen und Wasserabläufe für die einzelnen Felder befanden. Der Rückschlag des Wasserstaubes im Gerät, der weitgehend von der Güte der Entlüftung und von der Länge der Rohrstutzen abhängig ist, wurde durch Einbau eines feinen Siebes gemildert. Bei unserem ersten Versuchsgerät betrug die Länge der Rohrstutzen 300 mm. Es zeigte sich, daß diese Länge für Spritzversuche auf kurze Distanz (unter 2-3 m) nicht ausreicht.

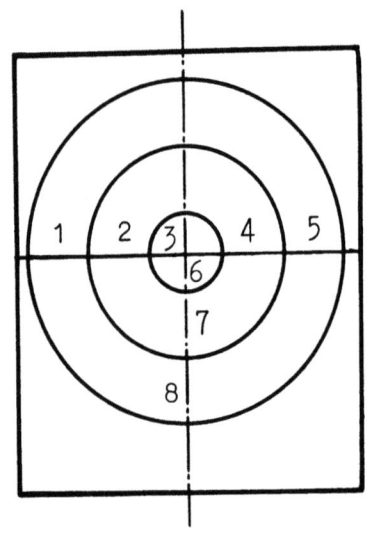

A b b i l d u n g   13
Einteilung des Versuchsgerätes

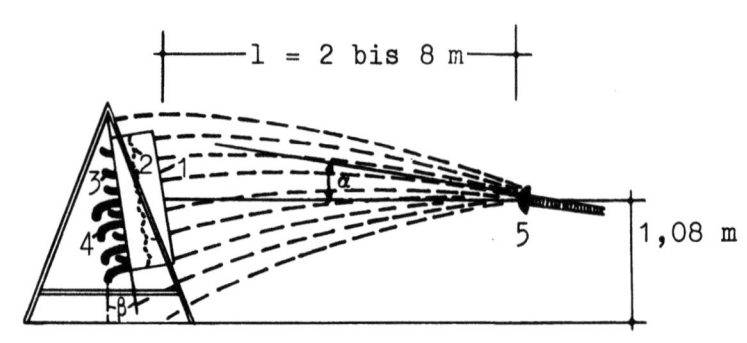

A b b i l d u n g   14
Versuchsanordnung für Wurfweitenmessung
1 Meßgerät,   4 Wasserablauf,
2 Sieb,   5 Düse
3 Entlüftungsstutzen,

Das Versuchsgerät wurde um den Winkel $\beta = 7°$ geneigt, um das Auslaufen des aufgefangenen Wassers nach vorne zu verhindern. Auf die Verwendung von konischen Rohrstutzen bei senkrechter Aufstellung des Gerätes wurde aus Herstellungsgründen verzichtet. Die Mündungswaagrechte des Strahlrohres zeigte auf die waagrechte Trennwand des Gerätes (Abb. 14). Die Einrichtung auf den Scheibenmittelpunkt war aufgrund der Unsymmetrie der Düsen in den meisten Fällen nicht möglich. So wurde eine seitliche Verstellung erforderlich, um zu erreichen, daß auf die Felder (1+2) und (4+5) annähernd die gleichen Wassermengen entfallen. Da der Wasserstaubkegel gleich nach Verlassen der Düse von der Strahlrohrachse abfällt, wurde dem Strahlrohr ein Anstellwinkel $\alpha = 7°$ gegeben. Hierdurch verbesserten sich natürlich die Meßergebnisse gegenüber der Waagrechten Einstellung. Die Anwendung eines Anstellwinkels erschien gerechtfertigt, da auf der Brandstelle der Strahlrohrführer sein Rohr ebenfalls leicht heben kann.

Tabelle 2

Wiederholung von Wurfweitenmessungen für ein bestimmtes Rohr bei einem Druck von 6,1 atü vor dem Strahlrohr und einer Entfernung von 5 m zwischen Strahlrohr und Auffanggerät

(aufgefangene Wassermenge in l/min)

Fach	Messung	I	II	III	IV	V
1		4,15	4,00	4,20	3,90	4,10
2		2,20	1,65	2,33	1,85	2,00
3		0,76	0,55	0,80	0,55	0,55
4		4,30	4,00	3,85	3,95	4,20
5		3,60	4,50	3,50	4,74	4,65
Σ 1 - 5		15,01	14,70	14,70	14,99	15,50
6		0,70	0,55	0,65	0,55	0,55
7		2,05	1,95	1,95	1,70	1,70
8		2,60	2,65	2,85	2,70	2,65
Σ 6 - 8		5,35	5,15	5,45	4,95	4,90
Σ 1 - 8		20,36	19,85	20,15	19,94	20,40

Bei den Messungen wurde die Wassermenge während des Spritzvorganges in 1 min aufgefangen. Tabelle 2 zeigt Wiederholungsmessungen für ein bestimmtes Rohr (ein mit mehreren Düsen besetzter Sprühkopf) bei einem Druck von 6,1 atü vor dem Strahlrohr und einer Entfernung von 5 m zwischen Strahlrohr und Auffanggerät. Im Hinblick darauf, daß es schwierig ist, den Pumpendruck vollständig konstant zu halten, und beim Schließen des Strahlrohres u.U. eine geringfügige Verlängerung der Spritzdauer eintreten kann, stimmen die Messungen bezogen auf den Gesamtwasserfluß der Rohre recht gut überein. Aus den Messungen wurden dann Diagramme nach Abbildung 15a (aufgefangene Wassermenge auf 1 m² in l/min in Abhängigkeit vom Druck) gezeichnet. Schließlich erfolgte die Umrechnung der Meßwerte entsprechend dem Diagramm in Abbildung 15 b, wobei die aufgefangene Wassermenge in % des Gesamtwasserflusses ausgedrückt wurde. Die Abbildung 15a und 15b zeigen die Messungen für ein Mehrzweckerohr.

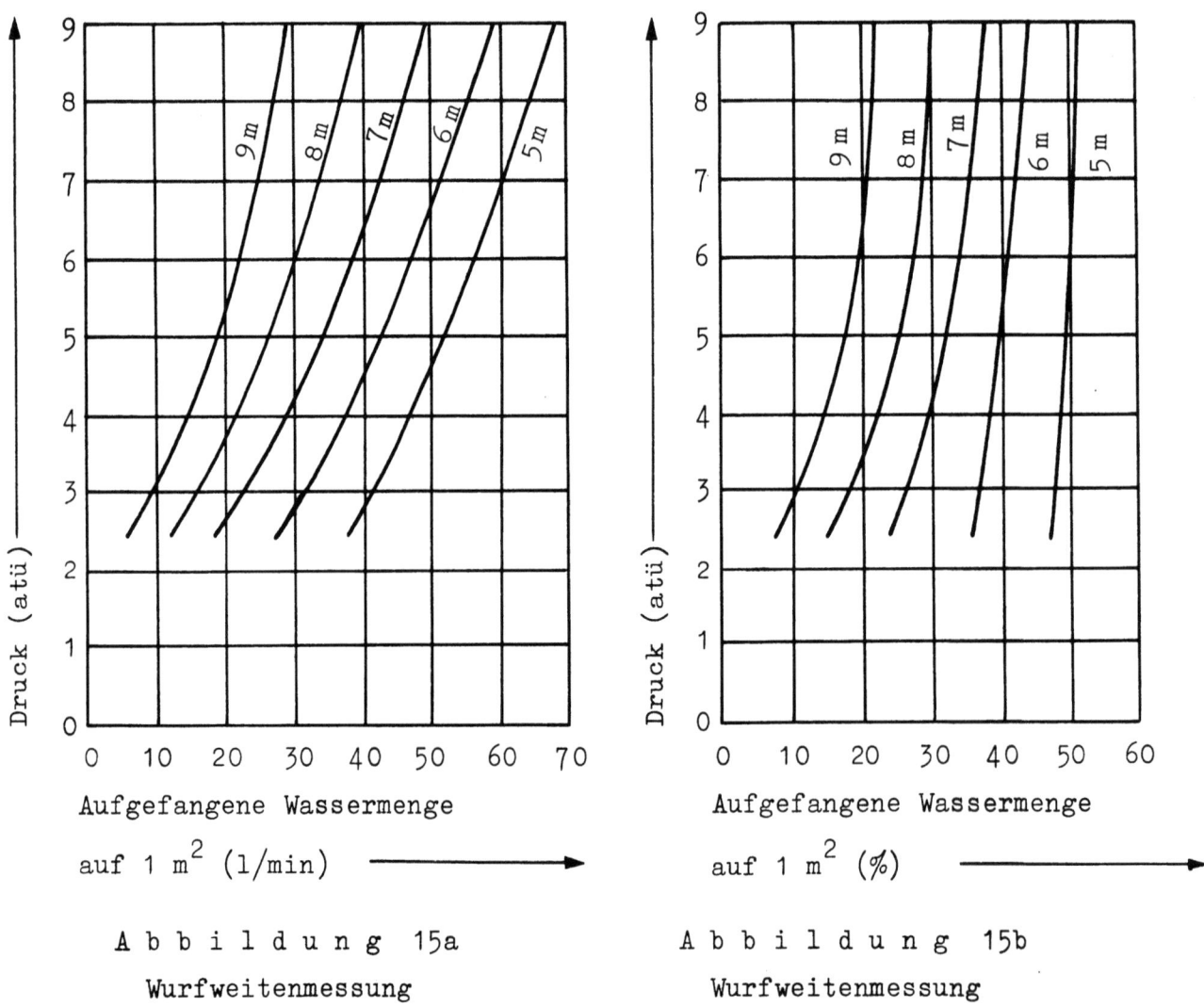

A b b i l d u n g   15a
Wurfweitenmessung

A b b i l d u n g   15b
Wurfweitenmessung

Die gefundenen Werte beziehen sich auf einen Anstellwinkel von 7° und stellen somit keine absoluten Maximalwerte dar. Der Einfluß des Rohranstellwinkels ist in Abbildung 16 für dasselbe Rohr bei einer Entfernung Strahlrohr-Auffanggerät von 6 m gezeigt. Es wird also das Rohr am günstigsten zu beurteilen sein, bei dem der kleinste Anstellwinkel die maximale Wassermenge auf der Meßfläche liefert.

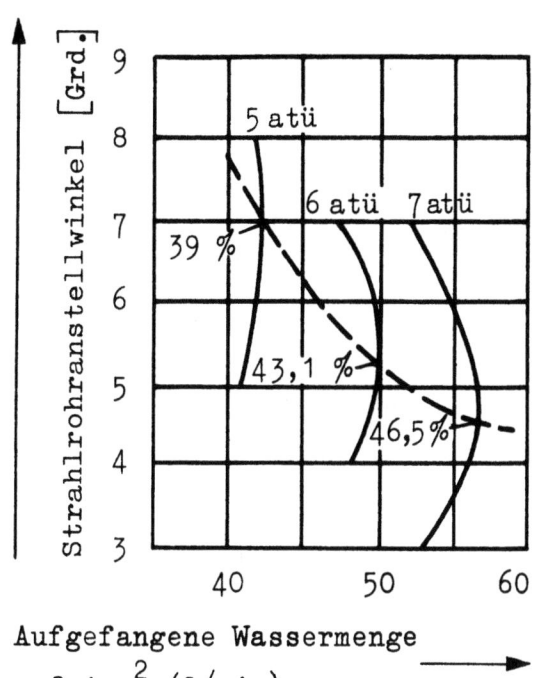

Abbildung 16
Einfluß des Rohranstellwinkels auf die Wurfweite

Die in letzter Zeit erzielte Steigerung der Wurfweite der Wasserstaubstrahlrohre machte eine Verbesserung unserer Auffangvorrichtung erforderlich. Zur Herabsetzung des Rückpralls im Gerät wurden die Rohrstutzen von 300 auf 800 mm verlängert, die Zahl der Meßfelder wurde um 5 auf 13 vermehrt. Die Wahl der Durchmesser der einzelnen Meßfelder erfolgte so, daß jetzt Kreisflächeneinteilungen von 1 m^2, 1/2 m^2, 1/4 m^2 und 1/3 m^2 gewählt wurden (s. Abb. 17). Die größere Anzahl der Meßfelder wurde gewählt, um die Beaufschlagung der Strahlrohre bei waagrechter Einstellung noch besser als bisher beurteilen zu können. Darüber hinaus bedingt die größere Anzahl einen besseren Wasserablauf.

Vom Arbeitsausschuß 1 im FNFW wurde vorgeschlagen, dem Strahlrohr einen konstanten Anstellwinkel von 15° zu geben und unser Auffanggerät senkrecht zur Strahlrohrachse zu stellen und so weit zu verschieben, bis eine gleichmäßige Beaufschlagung erreicht wird (Abb. 18). Die Beaufschlagung sollte zunächst auch nach dem Augenschein durch Beobachtung einer ange-

Forschungsberichte des Wirtschafts- und Verkehrsministeriums Nordrhein-Westfalen

Abbildung 17
Verbesserte Versuchsanordnung für Wurfweitenmessung

spritzten Glasplatte beurteilt werden. Unsere nach dieser Anregung durchgeführten Versuche ergaben, daß es, abgesehen von der individuellen Auffassung des Beobachters nicht möglich ist, irgendwelche Feststellungen beim Anspritzen einer Glasplatte zu machen. (Wäre dies der Fall, so ließen sich leicht Messungen der Tropfengröße im Strahlquerschnitt durchführen)! Für die Beurteilung der Beaufschlagung ist also unbedingt ein Auffanggerät zu wählen.

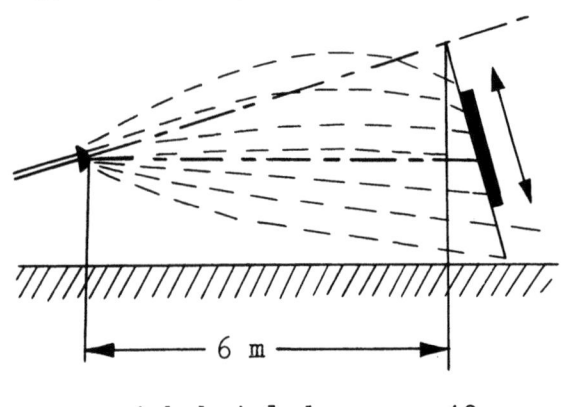 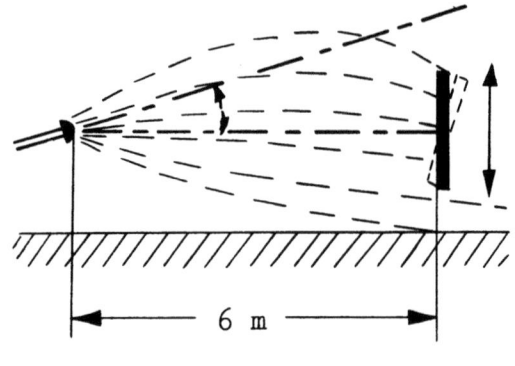

Abbildung 18   Abbildung 19
Versuchsanordnung Vorschlag AA1   Versuchsanordnung Vorschlag AA1/FfF

Aufgrund unserer Einwendungen wurde dann vorgeschlagen, daß die Meßfläche senkrecht zur Mündungswaagrechten stehen und so weit verschoben werden sollte, bis die gleichmäßige Beaufschlagung erreicht wäre. Die erste Anordnung war getroffen worden, weil man den Wasserstaubkegel möglichst kreisförmig (nicht ellipsenförmig) schneiden wollte. Berücksichtigt man

Seite 58

jedoch die Wurfparabel des Strahles, so schneidet man den Sprühkegel eher kreisförmig, wenn man den bei unseren Versuchen gewählten Anstellwinkel des Auffanggerätes benutzt (Abb. 19), da die Messungen (6 m Entfernung) im Bereich des abfallenden Astes der Wurfparabel durchgeführt werden. Darüber hinaus vereinfacht diese Anordnung das Auffanggerät ganz erheblich. Zur Beurteilung des Strahlrohres müßte bei konstantem Anstellwinkel desselben und bei Höhenverschiebung des Auffanggerätes angegeben werden, wie weit die Meßfläche vom Boden entfernt ist. Die Meßfläche (Auffanggerät) bekommt aber so ein Gewicht, daß es zwar technisch möglich ist, ihre Höhenlage zu ändern, aber diese Höhenänderung mit großen Schwierigkeiten und Kostenaufwand verbunden wäre. Darüber hinaus ist die Konstruktion eines nach vorn geneigten Auffanggerätes nicht ganz einfach. Man sollte deshalb bei der von uns vorgeschlagenen festen Stellung des Auffanggerätes bleiben und jeweils den Anstellwinkel des Strahlrohres ändern, bis eine maximale Auffangwassermenge gemessen wird. Der Anstellwinkel wäre dann im Meßprotokoll zu vermerken.

Auch in Amerika wurden in letzter Zeit Messungen bei Anspritzen einer senkrecht stehenden großen Fläche durchgeführt (87). Es wurde eine quadratische Meßfläche gewählt, in die eine größere Anzahl von Glasbehältern eingesetzt war (Kostenfrage!). Diese Meßanordnung erübrigte die bei unserer Methode erforderliche seitliche Verschiebung des Strahlrohrs.

4. Düsenbeaufschlagung

Unter der "Beaufschlagung" eines Wasserstaubstrahlrohres ist die Verteilung des feinzerstäubten Wassers im Strahlkegel zu verstehen. Will man ein Wasserstaubstrahlrohr oder eine Zerstäuberdüse beurteilen, so kommt auch diesem Kennwert besondere Bedeutung zu. Abgesehen davon, daß sich eine ungleichmäßige Wasserverteilung nachteilig auf den Löschvorgang auswirkt, hängt die Beaufschlagung mit der Wurfweite, wie diese von der Forschungsstelle definiert wurde, eng zusammen. Bei Wiederholung einer Messung nach Drehung des Wasser-Staubstrahlrohrs um seine Längsachse traten bei ungleichmäßiger Beaufschlagung oft ganz andere Meßergebnisse auf. Die Messung der Düsenbeaufschlagung ist somit parallel zu den Wurfweitenmessungen durchzuführen, wenn auch unser verbessertes Gerät zur Messung der Wurfweite die Beurteilung der Beaufschlagung in einem gewissen Umfang gestattet.

Die Beaufschlagung der Wasserstaubstrahlrohre wurde untersucht, indem

diese senkrecht nach unten zeigend eingespannt wurden. Am Boden wurden
Gefäße aufgestellt, und die in der Zeiteinheit aufgefangene Wassermenge
gemessen. Es wurden bei zwei verschiedenen Drücken jeweils 10 Messungen
vorgenommen. Messungsungenauigkeiten durch Druckschwankungen und Ungenauigkeiten in der Zeitablesung wurden durch Mittelung der Meßwerte weitgehend ausgeschaltet. Meßfehler die nicht erfaßt werden konnten, beruhten
in erster Linie auf unkontrollierbaren Luftbewegungen. Diese Luftbewegungen werden durch die im Versuchsraum befindlichen Gegenstände usw. stark
beeinflußt. Für exakte Messungen sind deshalb Räume genügender Größe erforderlich. Am Versuchsstand selbst und dessen Umgebung sind alle Hindernisse für die versuchsmäßig bedingten Luftbewegungen zu vermeiden. Jede
Störung der vom Wasserstaubstrahl hervorgerufenen Luftzirkulation muß sich
auf den Wasserstaubkegel auswirken. Eine Durchführung der Versuche im
Freien ist völlig zwecklos.

Bei den Messungen kann der Einfluß einer gestörten Luftzirkulation dadurch nachgewiesen werden, daß die Düsen bei einer zweiten Versuchsreihe
90° um ihre Längsachse gedreht werden. Bei senkrechter Einspannung muß
durch die Drehung der Düse das am Boden aufgenommene Wasserbild eine entsprechende Drehung erfahren. Ist dies nicht der Fall, so liegt eine Beeinflussung der Luftzirkulation vor und der benutzte Versuchsraum ist
nicht geeignet.

5. Messung der Tropfenenergie

a) Strahlrohrrückdruckmessungen

Im Verlauf der Ausführungen wurde bereits darauf hingewiesen, daß eine
genügende Wurfweite des Wasserstaubes nur erreicht werden kann, wenn das
Strahlrohr einen entsprechenden Rückdruck aufweist. Bei einem Vergleich
von zwei Wasserstaubstrahlrohren mit gleicher Wasserlieferung und gleichem Strahlkegel wird dasjenige Rohr die größere Wurfweite haben, das den
größeren Rückdruck hat.

Der Rückdruck eines Vollstrahles läßt sich bekanntlich nach dem Impulssatz
berechnen. Es ist

$$R = 2 \cdot \gamma \cdot F \cdot h = \rho \cdot F \cdot w^2 = \rho \cdot w \cdot Q \tag{52}$$

wobei

w = Austrittsgeschwindigkeit = $\psi \cdot \sqrt{2gh}$

ψ = Ausflußziffer

ρ = Dichte des Wassers = $\frac{\gamma}{g}$
γ = spez. Gewicht des Wassers
g = Erdbeschleunigung
F = Austrittsquerschnitt
Q = Wasserlieferung
h = Druckhöhe.

bedeutet.

Aus diesen Formeln läßt sich also bei bekanntem Rückdruck die Anfangsgeschwindigkeit des Wasserstrahles berechnen. Beim Vollstrahl genügt zur Berechnung des Rückdruckes oder der Anfangsgeschwindigkeit die Messung des Wasserflusses und der Mundstückweite. Beim Wasserstaubstrahl jedoch würde aufgrund der Düsenkonstruktionen die Messung dieser Größen keine der Wirklichkeit entsprechenden Rechnung ergeben, da durch die Zerstäubung keine Gewähr gegeben ist, daß der vorhandene Austrittsquerschnitt für den Ausfluß des Wasserstaubstrahls voll ausgenutzt wird. Die Strömungsverluste im Zerstäuberorgan können nicht erfaßt werden, und die Flugrichtung der austretenden Tropfen richtet sich nach dem Öffnungskegel des Strahls. Man muß deshalb mit einer mittleren Tropfengeschwindigkeit rechnen, die aus den waagrechten Geschwindigkeitskomponenten zu bilden wäre.

Die Strahlrohrrückdruckmessung ermöglicht es, die Energieverluste, die in einem Wasserstaubstrahlrohr auftreten, zu erfassen.

Bei erster Betrachtung sollte ein Wasserstaubstrahlrohr und ein Vollstrahlrohr, die bei gleichem Druck denselben Wasserfluß haben, auch den gleichen Rückdruck aufweisen. Dies ist aber nicht der Fall. Entsprechend dieser Beobachtung muß also ein Unterschied in der Austrittsgeschwindigkeit vorliegen, der jedoch nur auf die Konstruktion des Wasserstaubstrahlrohres zurückzuführen sein kann (Strömungsverluste im Rohr, Verluste durch die Zerstäubung und für den Öffnungswinkel des Strahls).

Nach folgenden Überlegungen ermöglichen es die Rückdruckmessungen anzugeben, welche kleinste Tropfengröße überhaupt vorliegen kann. Die Differenz der Rückdrücke zwischen Voll- und Staubstrahlrohr ist ein Maß für die Zerstäubungsarbeit und für die Strömungsverluste im Rohr. Nimmt man an, daß die gesamte Rückdruckdifferenz nur durch die Zerstäubungsarbeit, die sich nach Gleichung (9) berechnen läßt, aufgebracht wird, so ergibt die Rechnung dann einen Tropfendurchmesser, der der kleinstmögliche ist. In Wirklichkeit würde dieser jedoch größer sein, da die Strömungsverluste in der Rechnung nicht berücksichtigt wurden.

Es muß also möglich sein, beim Wasserstaubstrahl einen Zusammenhang zwischen Wurfweite, Rückdruck und Strahlkegel zu finden. Bei gleichem Druck vor dem Strahlrohr, gleicher Wasserlieferung und gleichem Rückdruck muß also dasjenige Rohr die größte Wurfweite haben, das den Strahlkegel mit kleinstem Öffnungswinkel aufweist. Nach Vorlage umfangreicher Wurfweitenmessungen wurde jetzt begonnen, Rückdruckmessungen durchzuführen, um zu versuchen, diese Zusammenhänge zu klären. Darüber hinaus ist für den praktischen Einsatz der Wasserstaubstrahlrohre das Wissen um die Größe des Rückdrucks von taktischer Bedeutung.

Bei unserer Versuchseinrichtung wurden die Wasserstaubstrahlrohre auf einem kleinen Wagen befestigt, der sich in Richtung der Strahlrohrachse bewegen konnte. Der Rückdruck, der den Wagen entgegengesetzt der Strömungsrichtung verschiebt, wurde mit einer Federwaage gemessen. Der Schlauch wurde hinter dem Strahlrohr über einen Bogen nach oben geführt, um die für die Schlauchbewegung erforderliche Kraft möglichst gering und reproduzierbar zu gestalten. Die Eichung des Gerätes (Erfassung der für die Überwindung der Reibung und für die Schlauchbewegung erforderlichen Kraft) erfolgte dadurch, daß für verschiedene Vollstrahlen bei verschiedenen Drücken vor dem Strahlrohr der Rückdruck gemessen und nach Gleichung (52) berechnet wurde. Die Differenz aus Messung und Rechnung ergab die Eichkurve.

b) Messung der Auftreffwucht

Die Wasserstaubwolke muß nicht nur eine bestimmte Wurfweite erreichen, sondern sie muß auch bei der geforderten Wurfweite noch mit einer bestimmten kinetischen Energie auf eine zur Wurfrichtung senkrecht stehende Fläche auftreffen, damit sie vom Auftrieb der Brandgase nicht mitgenommen wird und so keine Löschwirkung entfaltet. Aus diesem Grund sieht der neue Normen-Entwurf für Strahlrohre und Sprühstrahlrohre auch vor, die Auftreffwucht auf eine in 6 m Entfernung vom Strahlrohr stehende Fläche zu messen.

Für den Vollstrahl läßt sich die Prallwucht leicht mit Hilfe des Impulssatzes berechnen. Für diesen Fall ist

$$N = \rho \cdot Q \cdot v \cdot \sin \alpha \qquad (53)$$

wobei

ρ = Dichte des Wassers
Q = Wassermenge
v = Wassergeschwindigkeit
α = Auftreffwinkel des Wasserstrahls

bedeutet.

Für den Wasserstaubstrahl ist die Berechnung nicht mehr möglich, da die Messung der Geschwindigkeit der auftreffenden Teilchen Schwierigkeit bereitet. Somit wird es erforderlich, eine Versuchsanordnung zu erstellen, die die Messung der Auftreffwucht ermöglicht. Hierzu wäre zu sagen, daß, wenn auch das Problem der Messung auf den ersten Blick als einfach erscheint, bei der Ausführung Schwierigkeiten auftreten. In die Messung geht der Winkel ein, den der Strahl mit der Prallfläche bildet. Der Wasserstaubstrahl ist ein turbulenter Strahl, d.h. die Bewegungsrichtung der einzelnen Tröpfchen ist nicht parallel. Außerdem wird sie von mannigfachen Faktoren beeinflußt. Abgesehen davon, daß eine geringe Änderung in der Entfernung Strahlrohr-Prallfläche, und des Anstellwinkels des Strahlrohrs, sowie Druckschwankungen, die Messung erheblich beeinflussen, läßt die Strahlturbulenz keine genaue, reproduzierbare Messung zu. Es wird daher von uns vorgeschlagen, auf diese Versuchsreihe zu verzichten und dafür die Strahlrohrrückdruckmessungen in die Norm aufzunehmen, die besser reproduzierbar wären. Strahlrohrrückdruck, Strahlkegel, Tropfengröße und Wasserfluß lassen genügend Rückschlüsse auf die Prallwucht zu.

6. Tropfengrößenmessungen

Tropfengrößemessungen interessieren in den verschiedensten Wissensgebieten der Technik (z.B. Meterologie, Motorenbau, Zerstäubungstrocknung usw.), sodaß über dieses interessante Gebiet umfangreiches Schrifttum vorliegt. Leider sind die vielen veröffentlichten Meßmethoden nicht ohne weiteres auf das Anwendungsgebiet der Feuerlöschtechnik zu übertragen, da es sich bei den Wasserstaubstrahlrohren um Rohre großer Wasserlieferung handelt, sodaß eine dichte Tropfenfolge vorliegt. Diese dichte Tropfenfolge bereitet Schwierigkeiten. Es besteht einmal die Gefahr, daß das Tropfenauffanggerät den Strahl hinsichtlich Flugbahn und Tropfengröße beeinflußt, sodaß die gemessenen Tropfen nicht dem wirklichen Spektrum entsprechen. Zum anderen wird es schwierig, die Meßfläche nur einen Bruchteil von Sekunden dem Strahl auszusetzen, um zu vermeiden, daß mehrere Tropfen übereinander zu liegen kommen.

Nachstehend soll versucht werden, einen kurzen Einblick in das Gebiet der Tropfengrößemessung zu geben. Eine ausführliche Behandlung ist nicht Zweck dieser Arbeit.

Auch hier wird bei der Messung das Lichtbild zur Hilfe genommen, es wird nämlich ein Ausschnitt des Wasserstaubstrahls beleuchtet und im Mikroskop fotografiert (88). Die Schwierigkeit bei diesem Verfahren ist die Herstellung des Ausschnittes und der Lichtquelle.

Eine ähnliche Methode wurde von der Forschungsstelle angewandt. Da bei Versuchsbeginn kein Blitzgerät zu bekommen war, das bei kürzester Blitzdauer (ca. 1/50.000 sec) eine genügende Helligkeit hatte, mußte in eigener Regie ein Gerät erstellt werden. Auf den Aufbau des elektr. Teiles braucht hier nicht näher eingegangen zu werden, da entsprechende Schaltungen ausführlich in der Literatur behandelt worden sind (89). Große Schwierigkeiten bereitete die Beschaffung einer entsprechenden Blitzentladungslampe. Beim Wasserstaubstrahl brauchte die Fotografie nicht über eine besondere vergrößernde Optik zu erfolgen. Abbildung 20 zeigt den Wasserschleier einer kleinen Versuchsdüse. Wenn auch der Schleier in seinen einzelnen Tropfen aufgelöst ist, so ist die Aufnahme doch nicht für Größemessungen geeignet, da Tropfen z.T. übereinander liegen, vor allem aber, weil sie in verschiedenen Ebenen liegen. Es wurde deshalb ein Trichter in umgekehrter Richtung angespritzt. Diese Anordnung gewährleistet eine möglichst geringe Beeinflussung des Wasserstaubstrahles, und ermöglicht die Ausblendung eines Strahls, in dem die Tropfen in einen Raum von nur 40 mm Tiefe liegen. Die Tropfen können dann als in einer Ebene liegend angesehen werden (Abb. 21). Bei der maßstablichen Ausmessung tritt diese Unkorrektheit nicht in Erscheinung, sie ist geringer als die Meßgenauigkeit.

Nach einer anderen Methode wird ein Lichtstrahl durch den Wasserstaubkegel geschickt und in einer Fotozelle aufgefangen. Aus der Schwächung des Lichtstrahls durch die Dichte des Wasserstaubstrahls wird der Tropfendurchmesser berechnet. Diese Methode versagt bei Tropfen über 0,1 mm ⌀ (90). Wir haben nach diesem Verfahren noch nicht gearbeitet.

Weiter läßt sich ein mittlerer Tropfendurchmesser aus der gemessenen

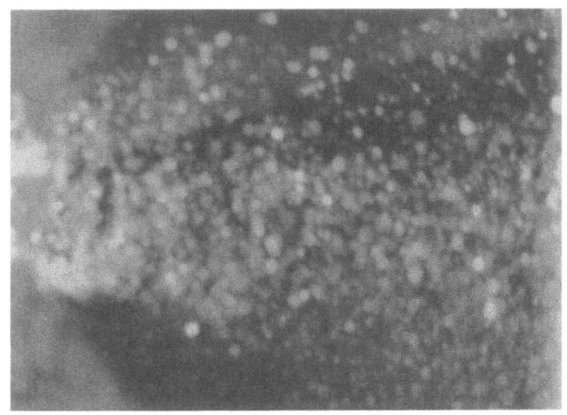 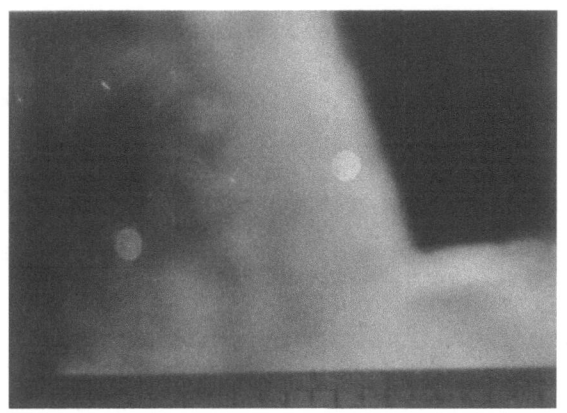

Abbildung 20
Wasserschleier einer Versuchsdüse

Abbildung 21
Einzeltropfen aus Wasserschleier

Ladung errechnen, wenn eine Spannung an die Düse gelegt wird (91-92). Bei großen Düsen ist jedoch die Frage der Isolation der Düse und des Auffanggerätes nicht einfach zu lösen. Die Methode versagt bei Eigenaufladung der Tropfen, die sich durch Umpolung nachweisen läßt. Die Eigenaufladung hängt u.a. von der Tropfengröße, dem versprühten Medium und dem Düsenwerkstoff ab. Bonelli referierte auf dem Aerosol-Kongreß 1953 in Bonn ausführlich über die Möglichkeiten der elektrischen Aufladung bei der Flüssigkeitszerstäubung (93).

Es ist auch bereits versucht worden, durch Messung der Auftreffwucht beim Anspritzen einer Platte (Impulssatz, vgl. Abs. IV, 5, a) die Tropfengröße zu errechnen. Da die mitgerissene Luft, die nicht kontrollierbar ist, ebenfalls die Platte beaufschlagt, dürfte diese Methode sehr ungenau sein. Die Auffangmethode ohne Verformung der Tropfen, die bei Tropfengrößen zwischen 2 und 200 μ anwendbar ist, benutzt einen Spezialobjektträger, der mit einer Schicht zähen Öles bedeckt ist, die zur besseren Einlagerung der Tropfen noch mit einer Schicht weniger zähen Öles überzogen sein kann. Die aufgefangenen Tropfen betten sich in der Ölschicht ein. Ihre Größe wird mikroskopisch ausgemessen (61).

Die Auffangmethode unter Verformung der Tropfen (94), die bei Tropfengrößen zwischen 0,5 - 7,0 mm $\emptyset$ anwendbar ist, benutzt zum Auffangen der Tropfen schwach angefärbtes Filterpapier. Die Tropfenausbreitung ist abhängig von der Papiersorte und erfolgt nicht linear mit der wirklichen Tropfengröße. Sie beträgt für die vorstehend genannten Tropfengröße etwa 0,5 - 70 mm. Der Messung muß daher eine Eichung des benutzten Filterpapiers vorausgehen, bei der Eichtropfen verwendet werden. Diese werden mit Kapillaren hergestellt, deren Größe gewichtsmäßig ermittelt wird.

Bei der Sedimentationsmethode (95) werden durch einen Gegenluftstrom die Tropfen in der Schwebe gehalten und mikroskopisch ausgezählt. Ungenauigkeiten treten auf durch mögliche und nicht ausschaltbare Temperaturdifferenzen zwischen Luftstrom und Tropfen, was zur Verdampfung oder Kondensation führen kann.

Vielleicht ließe sich auch die aus der Staubtechnik bekannte Summenbildmethode (96) auf den Wasserstaubstrahl übertragen. Diese Methode, die nur grobe Messungen zuläßt, bedient sich dreier Zylinder von verschiedenen Durchmessern. Aus den Ablagerungen an den einzelnen Zylindern wird auf den mittleren Durchmesser geschlossen.

Schließlich sei noch auf die Wachsmethode der Tropfengrößemessung hingewiesen (97). Bei dieser Methode wird flüssiges Wachs aus der Düse in einen unterkühlten Raum gespritzt, die aufgefangenen Wachstropfen haben starre Form angenommen. Bei der Auszählung ist nur die Volumenänderung durch Übergang von der flüssigen in die feste Form zu beachten.

Aus dem kurzen Überblick der Tropfengrößemessung ist ersichtlich, welche Schwierigkeiten z.Zt. bei der Vermessung praktischer Wasserstaubstrahlrohre auftreten.

7. Auflösung von Nadelstrahlen

In dem Abriß über die Grundlagen der Zerstäubung (vgl. Abschn. II, 3) wurde darauf hingewiesen, daß in der Feuerlöschtechnik auch Strahlrohre Anwendung finden, bei denen die Zerstäubung durch Auflösung von Nadelstrahlen erfolgt. Von der Forschungsstelle konnten die ersten Versuche über die Auflösung von Nadelstrahlen durchgeführt werden.

Auf ein C-Strahlrohr wurde mittels Überwurfmutter Messingscheiben von 4 mm Stärke aufgesetzt, die in der Mitte eine angesenkte Bohrung hatten. Es wurde waagrecht etwa 600 mm über dem Erdboden gespritzt. Die Versuchsergebnisse über die Flugweite und Größe der Tropfen sind in Tabelle 3 wiedergegeben. Die Tropfengrößemessung erfolgte im Freien durch Auffangen auf Filterpapier in ca. 5 m Abstand von der Düse etwa in der Mitte des Strahlkegels. Da die Güte der Bohrung in die Messung eingeht, und die Tropfengröße nicht über dem gesamten Strahlquerschnitt gemessen werden

Tabelle 3

Messungen an Nadelstrahlen

Bohrung (mm)	Druck (atü)	Größte Flugweite am Boden (m)	Größter Tropfen ⌀ (mm)	Kleinster Tropfen ⌀ (mm)	Mittlerer Tropfen ⌀ $d_m = \sum i_n \cdot d_n / i_{ges.}$ (mm)
1	2	3	4	5	6
2,0	2,5	6,0	3,0	0,3	0,76
	10,0	6,5	1,5	0,3	0,63
1,8	2,5	6,0	3,0	0,3	0,66
	6,0	6,5	1,5	0,3	0,56
1,6	2,5	5,5	2,0	0,3	0,60
	8,0	6,0	1,5	0,3	0,47
1,4	2,5	5,0	2,0	0,3	0,56
	10,0	6,0	1,5	0,2	0,47
1,2	2,5	5,0	2,0	0,3	0,57
	7,0	6,0	1,5	0,2	0,42
1,0	2,5	4,5	2,0	0,3	0,55
	7,0	6,0	1,5	0,2	0,41
0,8	2,5	4,3	2,0	0,2	0,47
	7,0	5,5	1,5	0,2	0,40

konnte, dürfen die ermittelten Werte nur als grobe Annäherung betrachtet werden.

Bei einer 2. Versuchsreihe wurden um die Bohrung in der Mitte der Platte von 1,2 mm ⌀, symmetrisch auf einem Kreis von 12 mm ⌀ liegend weitere gleichmäßige Bohrungen angeordnet. Gegenüber dem Versuch mit einer Bohrung konnte kein wesentlicher Unterschied festgestellt werden.

Bei einem Wasserstaubstrahlrohr, das mit Nadelstrahlen arbeitet, ist darauf zu achten, daß die einzelnen Bohrungen nicht zu dicht nebeneinander angeordnet werden, da feine, parallel laufende und dicht nebeneinander liegende Wasserstrahlen das Bestreben haben, sich zu vereinigen.

V. Schlußzusammenfassung

Das Forschungsvorhaben "Wasserzerstäubung im Strahlrohr" gab Veranlassung, daß sich die Forschungsstelle für Feuerlöschtechnik mit dem gesamten Fragenkomplex befaßte, der für die Konstruktion und für den Einsatz des Wasserstaublöschverfahrens von Bedeutung ist. Wenn auch die restliche Klärung aller anfallenden Fragen im Rahmen dieser Arbeit noch nicht erfolgen konnte, so konnten doch Hinweise gegeben werden, welche Probleme noch der Lösung bedürfen.

Die vorliegende Arbeit, die mit der Entwicklung des Wasserstaublöschverfahrens im Ausland beginnt, bringt zunächst einen Abriß über die Definition des Begriffes "Wasserstaub". Die in der ausländischen Literatur benutzten Ausdrücke "fog", "mist" und "spray" machen keine Aussagen über die Größenordnung der Tropfen. Auf die Notwendigkeit der Festlegung des Begriffes "mittlere Tropfengröße" wurde hingewiesen. Mathematisch konnte nachgewiesen werden, daß die für die Zerstäubung aufzuwendende Arbeit verhältnismäßig gering ist. Wenn ein großer Teil der bisher handelsüblichen Wasserstaubstrahlrohre bei den gegebenen Drücken verhältnismäßig große Tropfen erzeugt, so ist dies auf eine schlechte strömungstechnische Durchbildung der Konstruktionen zurückzuführen. Die Düsenaustrittsgeschwindigkeit der Wassertropfen ist eine Funktion der Wurzel des Druckes, d.h. bei Drucksteigerung nimmt die Düsenaustrittsgeschwindigkeit nicht in dem Maße zu, in der die Drucksteigerung erfolgt. Eine Steigerung der Wurfweite von Wasserstaubstrahlen durch Druckerhöhung ist somit nur in einem gewissen Umfang möglich. Die Steigerung der Tropfenaustrittsgeschwindigkeit und der Anfangsgeschwindigkeit der Tropfen für den Flug im Strahl ist nicht beliebig möglich. Sie wird begrenzt durch die Tropfenstabilität, die durch den Staudruck der Luft gegeben ist. Kurze Hinweise über die verschiedenen möglichen Düsenformen und über den Vorgang der Zerstäubung, der keineswegs als geklärt angesehen werden kann, konnten im Hinblick auf neu zu konstruierende Wasserstaubstrahlrohre im Rahmen dieser Arbeit nicht übergangen werden. Auf die Bedeutung des Wasserstaublöschverfahrens, die Möglichkeiten, bisher mit dem Vollstrahl nicht zu bekämpfende Objekte mit dem Wasserstaub anzugreifen, die Verbesserung des Wirkungsgrades des Löschmittels "Wasser" usw. wurde in einem besonderen Abschnitt über die Einsatzmöglichkeiten des Wasserstaubstrahles hingewiesen. Diese absichtlich kurz gehaltenen Ausführungen rechtfertigen es, sich eingehend mit dem Problem des

Wasserstaublöschverfahrens zu befassen. Die für die Erforschung aufzuwendenden Mittel werden verschwindend klein gegenüber den Vorteilen sein, die das Wasserstaublöschverfahren nach eingehender Erforschung der Praxis bringen wird. Nach einer allgemein gehaltenen Ausführung über die Löschwirkung des Wasserstaubes wird ausführlich der Wärmeübergang von Wassertropfen in Luft behandelt. Ausgehend von Versuchen über die Messung der Verdampfungszeiten von Wassertropfen im Heißluftstrom konnte der Wärmeübergang mathematisch erfaßt werden. Diese experimentellen und mathematischen Betrachtungen werden ergänzt durch Abbrand- und Löschversuche. Bezüglich der Löschversuche mußte auf ausländische Arbeiten zurückgegriffen werden. Theorie und Löschversuche stimmen darin überein, daß ein mittlerer Tropfendurchmesser von 0,1 - 1,0 mm als löschtechnisch günstig angesehen werden kann. Bei kleineren Durchmessern besteht die Schwierigkeit den Strahl zum Brandherd zu bringen. Bei größeren Durchmessern erfolgt die Verdampfung zu langsam und bei Flüssigkeitsbränden ist die Löschwirkung nicht mehr für alle brennbaren Flüssigkeiten gegeben.

Im letzten Teil der Arbeit werden die Bedingungen, die an den Wasserstaubstrahl zu stellen sind, behandelt und ausführlich über diesbezügliche Messungen berichtet. Diesen Versuchen kommt im Hinblick auf ein aufzustellendes Normblatt für Strahlrohre besondere Bedeutung zu. Es konnte gezeigt werden, daß die Gesetze, die für die Reichweite eines einzelnen, ruhende Luft durchfliegenden Tröpfchens gelten, der Dynamik des Wasserstaubstrahls nicht mehr gerecht werden. Über drei Methoden der Wurfweitenmessung, darunter eine von der Forschungsstelle vorgeschlagene und erprobte Methode wird ausführlich berichtet. Auf die Bedeutung der Düsenbeaufschlagung, die abgesehen für die Wurfweite des Wasserstaubstrahles für die Löschwirkung von Wichtigkeit ist, wird bei gleichzeitiger meßtechnischer Behandlung des Problems hingewiesen. Weiter konnte gezeigt werden, daß Strahlrohrrückdruckmessungen es ermöglichen, auf die Größe der Tropfen im Strahl zu schließen. Die bei Messungen der Auftreffwucht der Wasserstaubstrahlen zu beachtenden Probleme werden kurz erwähnt. Ausführungen über einige Methoden der Tropfengrößemessungen zeigen die Schwierigkeiten dieses Problems. Einige Versuche, die Tropfengröße fotografisch zu bestimmen, wurden kurz gestreift. Schließlich wurde noch über Versuche bezüglich der Auflösung von Nadelstrahlen durch den Staudruck der Luft berichtet, da es leichter ist, einen Strahl über eine größere Entfernung zu tragen, als eine Wasserstaubwolke.

Forschungsberichte des Wirtschafts- und Verkehrsministeriums Nordrhein-Westfalen

Die in der Arbeit gegebenen Hinweise mögen als Grundlage für die Fortsetzung der Versuchsreihen dienen. Die Veröffentlichung der Ergebnisse des Forschungsvorhabens in der vorliegenden Form erfolgt im Einverständnis mit dem Leiter der Forschungsstelle, Herrn Branddirektor Dr.-Ing. G. MAGNUS.

                                      Dipl.-Ing. Arnold KRÜGER, Karlsruhe
                                      Feuerwehring. Rudolf RADUSCH, Dortmund

VI. Literaturverzeichnis

(1) Anon.
Spray application of water (U.S. National Board of Fire Underwriters Committee on Fire Prevention and Engineering Standards Bulletin, Nr. 92, Dezember 1939)

(2) HIRST, H.S.
Water spray protection (Quarterly of the NFPA, Juli 1942)

(3) HENDRICKS, R.W.
Absorption of heat by waterfog (Proceedings, 47th Annual Meeting, Chicago, Mai 10-13, 1943)

(4) Anon.
The extinguishment of oil fires by emulsion-formation method (Messrs Mather and Platt, Ltd, Jan. 1943)

(5) Anon.
Vorführung amerikanischer Nebel- und Schaumrohre in der Feuerwehrschule in Murnau (Brandschutz, 3. Jahrg. -1949- H. 2, S. 22)

(6) MAGNUS, G.
Zur Löschwirkung fein zerstäubten Wassers, (Brandschutz, 6. Jahrg. -1952- H. 1, S. 20, H. 2, S. 36)

(7) FRY, J.F. und P.M.T. SMART
The production of water sprays for fire extinction (Quarterly of Fire Engineers, 1953)

(8) WALTON und PREWETT
The production of sprays and mist of uniform drop size by means of spinning dias, Type Sprayers (Proc. Phys. Soc. (B), 62. Jahrg. -1949- S. 341)

(9) RASBASH, D.J.
The production of water spray of uniform drop size by a battery of hypodermic needles (Journal of Scientific Instruments, Vol. 30, Juni 1953, S. 189)

(10) PUFFE, E.
Körnungsnetz, (Dr. Riederer Verlag GmbH, Stuttgart-S, Marienstr. 50)

(11) ANSELM, W.
Zerkleinerungstechnik und Staub, (Deutscher Ingenieur Verlag GmbH, Düsseldorf, 1949)

(12) Anon.
Prüfsiebung und Darstellung der Siebanalyse (Siebtechnik GmbH, Mühlhausen/Ruhr)

(13) FRICKE, H.
Über den Körnungsaufbau von Mahlgütern (Staub, Heft 24, 1951)

(14) PUFFE, E. — Graphische Darstellung und Auswertung von Siebanalysen aufgrund der ROSIN-RAMMLER Gleichung (Zeitschrift für Erzbergbau und Metallhüttenwesen, Bd. I -1948- H. 4)

(15) GORBATSCHEW, S.W. und W.M. NIHIFOROWA — Über die obere Stabilitätsgrenze von Tropfen bei ihrem Zusammenprall (Kolloid-Z. Bd. 73 -1935- S. 14

(16) GORBATSCHEW, S.W. und E.R. MUSTEL — Über die untere Stabilitätsgrenze von Tropfen bei ihrem Zusammenprall (Kolloid-Z. Bd. 73 -1935- S. 20)

(17) FRIEDMANN, S.J., F.A. GLUCKERT und W.R. MARSHALL — Centrifugal disk atomization (Chemical Engineering Progress, Vol. 48, Nr. 4, April 1952, S. 181)

(18) JUHASZ, K.J. de und W.E. MEYER — Bibliographie on sprays (U.S. Pennsylvania State College, New York, August 1948 überarbeitet Mai 1949)

(19) OHNESORGE, W.v. — Die Bildung von Tropfen an Düsen und die Auflösung flüssiger Strahlen (Zeitschr. f. angewandte Mathematik und Mechanik, 16. Jahrg. -1936- S. 355)

(20) JUHASZ, K.J. de — Dispersion of Sprays in Solid-Injection oil Engines (Trans. Amer. Soc. mechan. Engr., Bd. 53, -1931- S. 65/77)

(21) SASS, F. — Kompressorlose Dieselmaschinen, Bd. 1 (Berlin, 1929)

(22) PERRY, J.H. — Chemical Engineers Handbook, (2. Aufl., S. 1983-93)

(23) RIEHM, W. — Untersuchungen über den Einspritzvorgang bei Dieselmaschinen (V.D.I.-Z., Bd. 68 -1924- S. 641)

(24) KLUESENER, O. — Zum Einspritzvorgang in der kompressorlosen Dieselmaschine (V.D.I.-Z., Bd. 77 -1933- S. 171)

(25) LITTAYE, G. — Sur l'oscillation transversale d'un jet liquide (C.R. hebd. Séances Acad. Sci, Bd. 216 -1943- S. 283/85)

(26) LITTAYE, G. — Sur une theorie de la pulverisation des jets liquide (ebenda, Bd. 217 -1943- S. 99/100)

(27) LITTAYE, G. Influence de la vitesse de l'air sur le diamère des plus petites gouttes obtenues par atomisation pneumatique (ebenda, Bd. 218 -1944- S. 440/41)

(28) LANE, W.R. Shatter of drops in streams of air (Ind. Engng. Chem. Bd. 43 -1951- S. 1312/17)

(29) TRIEBNIGG, H. Der Einblase- und Einspritzvorgang bei Dieselmaschinen (Wien, 1925)

(30) PRANDTL, L. Führer durch die Strömungslehre (Braunschweig, 1942)

(31) NUKIYAMA, S. und Y. TANASAWA Versuche über die Flüssigkeitseinspritzung mittels Luft (Trans. Soc. mechan. Engrg. Japan, Bd. 4 -1938- S. 86 u. 138, Bd. 5 -1939- S. 63 u. 68, Bd. 6 -1940- S. 117/118)

(32) HAENLEIN, A. Über den Zerfall eines Flüssigkeitsstrahls (Forsch. Gebiete d. Ingenieurwesens, Bd. 2 -1931- S. 139)

(33) WEBER, G. Der Zerfall eines Flüssigkeitsstrahls (Z. f. angew. Math. u. Mechanik, Bd. 11 -1931- S. 136/54)

(34) Lord RAYLEIGH On the instability of jets (Proc. London Math. Society, Bd. 10 -1878/79- S. 4-13)

(35) SCHWEITZER, P.H. Mechanism of disintegration of liquid jets (App. Phys., Bd. 8 -1937- S. 513-21)

(36) GIFFEN, E. Atomisation of Fuel Sprays (Engineering, Bd. 174 -1952- S. 6-10)

(37) MERRINGTON, A.C. und E.G. RICHARDSON The break-up of liquid jets (Proc. Phys. Soc. (Teil 1), Bd. 59 -1947- S. 1-13)

(38) BÄR, P. Über die physikalischen Grundlagen der Zerstäubungs-Trocknung (Diss. Techn. Hochschule Karlsruhe, 1935)

(39) DOBLE, S.M. Design of spray nozzles (Engng., Bd. 159 -1945- S. 21-23, 61-63 und 103-104)

(40) NIVIKOV, I.I. Atomazation of liquids by centrifugal nozzles (J. Techn. Phys. - U.S.S.R. - Bd. 18 -1948- S. 345-54, Engrs. Dig. -1949-, Bd. 10, S. 72-74)

(41) FRY, J.F., P.H. THOMAS und P.M.T. SMART — The production of firefighting sprays by impinging jets (Chantry Publications Limited, London, 1953)

(42) MÖBIUS, K. — Sprühstrahl zur Atemgiftbekämpfung (Feuerschutz, 20. Jahrg. -1940 S. 2)

(43) LAYMAN, L. — Attacking and extinguishing interior fires (NFPA, Boston, 1952)

(44) SCHULTZE-RHONHOF und KLINGER — Grubenbrand-Versuche (Essen, 1948)

(45) WAGNER, F. — Die Strahlrohrerdung (VFDB-Z., 3. Jahrg. -1954- S. 61)

(46) SCHAEPERS — Brandbekämpfung in elektrischen Anlagen (ETZ, 72. Jahrg. -1951- S. 257)

(47) KOCH, W. — Widerstand von Wasserstrahlen (ETZ, Ausg. A, 74. Jahrg. -1953- S. 543)

(48) ESTORFF, W. und W. WEBER — Abspritzen von Hochspannungsisolatoren im Betrieb (Feuerschutztechnik, 21. Jahrg. -1941- S. 25)

(49) ROGENDORF, A. — Reinigung von Höchstspannungsanlagen unter Spannung (ETZ, Bd. 61 -1940- S. 823)

(50) — Prüfungsbericht Wassernebeldüse nach Vogt (Techn. Prüfanstalt d. Schweizerischen Elektrotechnischen Vereins, 1952)

(51) — Certifical Nr. 82091 A (Laboratore Central des Industries Electriques, Fontenay-aux-Roses, 1952)

(52) BURGOYNE, J.H. und D.J. RASBASH — Use of water sprays to improve light to transmission through oil smoke (Fuel, 28. Jahrg. -1949- S. 281)

(53) RASBASH, D.J. — The efficiency of water spray in allying smoke (Test in experimental smoke chamber) (F.C. Note Nr. 21/1949, Fire Research Station, Boreham Wood)

(54) Anon. — Combined foam and water spray system (NBFU Nr. 16/1954)

(55) RADUSCH, R. — Der Temperatureinfluß auf die Explosionsgefahr und seine Bedeutung für Explosionsschutzmaßnahmen bei Lagertanks brennbarer Flüssigkeiten (Erdöl u. Kohle, 7. Jahrg. -1954- S. 511)

(56) Anon. Hochdruckwassernebel im Einsatz bei der Osloer Feuerwehr (Brandschutz, 9. Jahrg. -1955- S. 229)

(57) Anon. Low-pressure fog (Fire, Sept. 1954, S. 72)

(58) HERTERICH, O. Die Steigerung der Löschwirkung des Wassers durch Zerstäubung und Netzmittel-Zusatz (Sonderdruck der VFDB, 1950)

(59) TEN BOSCH, M. Die Wärmeübertragung (Berlin, 1936)

(60) JOHNSTONE, H.F. Heat transfer to clouds of falling particles (Am. Chem. Ing., Bd. 37 -1941-, Auszug in VDI-Z., Beiheft Verfahrenstechnik 1942, Nr. 4)

(61) EDELING, C. Untersuchungen zur Zerstäubungstrocknung (Diss. Karlsruhe, 1949)

(62) SCHMIDT, E. Einführung in die Thermodynamik (Berlin, 1944)

(63) RANZ, W.E. und W.R. MARSHALL jr. Evaporation from drops (Chemical Engineering Progress, Bd. 48 -1952- S. 141)

(64) FRÖSSLING, N. Über die Verdunstung fallender Tropfen (Gerlands Beiträge zur Geophysik, Bd. 52 -1938- S. 170)

(65) FINDEISEN, W. Das Verdampfen der Wolken und Regentropfen (Meteorologische Zeitschr., Bd. 56 -1939- S. 453)

(66) FINDEISEN, W. Beziehungen zwischen Reibung, Wärmeübergang und Verdunstung (Gerlands Beiträge zur Geophysik, Bd. 39 -1933- S. 356)

(67) KLOST, W. Wassernebel gegen Flugzeugbrände (Stuttgarter Briefe, 2. Jahrg. -1951- Nr. 5)

(68) AMMITZBÖLL Löschen von Bränden durch Hochdruckwassernebel (Civilforsvarsbladet, 5. Jahrg. -1954- S. 109)

(69) RASBASH, D.J. The effect of water spray on burning kerosine (FC Note Nr. 41/1951, Fire Research Station, Boreham Wood)

(70) RASBASH, D.J., Z.W. ROGOWSKI und G. SKEET — Z.W. Rogowski und G. Skeet, Some tests on the effect of sprays on a hexane fire (FC Note Nr. 45/1951)

(71) RASBASH, D.J. — Water Sprays, Teil I, (J.F.R.O., I.E.M. Note Nr. 12)

FRY, J.F. — Water Sprays, Teil II, (J.F.R.O., I.E.M. Note Nr. 13)

(72) SPÄTH, E. — Löschversuche mit Wassernebel, (Brandschutz, 6. Jahrg. -1952- S. 37)

(73) MORRISON, A. — Another god stop with "Indirect Application", (Firemen, Bd. 20 -1953- H. 3, S. 12)

(74) ALLEN, L.A. — Distillers Grain Fire, (Firemen, Bd. 20 -1953- H. 1, S. 16)

(74a) Anon. — Löschung von Kaminbränden mit Wasserstaub (Le Feu et l'Alarme, Bd. 39 -1951- S. 19)

(74b) ADELMANN, R.M. — Erfolgreicher Einsatz von Hochdruckwassernebel bei einem Brande in Memphis, Tenn. (Fire Engineering, Bd. 107 -1954- Nr. 6)

(75) KIMBALL, W.Y. — Kansas City Fire Tests, (Firemen, Bd. 21 -1954- H. 8, S. 10)

(76) HAMMER, A. — Mit 8 m^3 Wasser und Sprühstrahl gegen ein Großfeuer (Brandwacht, 8. Jahrg. -1953- S. 196)

(77) RASBASH, D.J. und Z.W. ROGOWSKI — The extinction of liquid fires with water sprays (Chemistry and Industry -1954- S. 693/695)

(78) NABERT, K. und P. GERDESSEN — Versuche über die Eignung von Wasser zum Ablöschen größerer Alkoholbrände (Feuerschutz, 21. Jahrg. -1941- S. 36)

(79) Anon. — The Mechanism of extinguishment of fires by finely divided water (N.B.F.U. Research Report Nr. 10)

(80) — Theoretische Betrachtung über den Zerstäubungsvorgang und die Wärmebindung durch das Löschwasser (Tätigkeitsbericht 4/1951 der Forschungsstelle für Feuerlöschtechnik)

(81) BECKER, R. — Sprinkleranlagen und ihre Verwendung als Kleinanlage (Brandwacht, 7. Jahrg. -1952- S. 86)

(82) PRANDTLE, L. — Strömungslehre (Braunschweig, 1944, S. 100 ff und S. 170 ff)

(83) Anon. — Fog nozzle tests for Fire Department Equipment Committee (Firemen, Bd. 19 -1952- S. 16)

(84) KIMBALL, W.Y. — Spray nozzle studies (NFPA Quarterly, Vol. 46 -1952- Nr. 2, S. 149)

(85) Anon. — Sprühstrahlrohre (Brandwacht, 6. Jahrg. -1951- S. 149)

(86) — Über Netzmittel und Wassernebel (ebenda S. 121)

(87) KIMBALL, W.Y. — Summary - Fog nozzle studies (Firemen, Bd. 22 -1955- Nr. 9, S. 20)

(88) DAVIS, M. — A. photographic method for recording size of spray drops (U.S. Department of Agriculture, Bureau of Entomology and Plant, Quarantine ET-272, U.S., Juli 1949)

(89) ECKER, G. — Der Elektronenblitz (Kosmos, 48. Jahrg. -1952- H. 6)

(90) WITZMANN, H. — Fotoelektrische Methode zur Teilchengrößenbestimmung disperser Systeme (VDI-Z., Bd. 88 -1944- S. 296)

(91) BRUN, E. und M. PAUTHENIER — Elektrische Methode zur statistischen Bestimmung des Durchmessers von Nebeltröpfchen (Compt. Rend. Acad. Sci., Bd. 211 -1941- S. 1081)

(92) BRUN, E. und M. PAUTHENIER — Zählung von Nebeltröpfchen mit Hilfe des elektr. Feldes. (Métaux et corros., Bd. 15 -1940- S. 63; Compt. Rend. Acad. Sci., Bd. 211 -1940- S. 295)

(93) BONELLI, L. — Elektrische Erscheinungen am Aerosol (Z. f. Aerosolforschung u. Therapie, 2 Jahrg. -1953- S. 356)

(94) DIEM, M. — Natürliche und künstliche Regen (Wasser u. Nahrung, -1955- H. 3)

(95) GIFFEN, E. und A. MURASZEW — The atomisation of liquid fuels (London, 1953)

(96) ALBRECHT — Ablagerung von Staub aus strömender Luft (Physik.-Z., Bd. 32 -1931- S. 48)

(97) JOYCE, R.J.　　　　　　　　　The wax-method of spray particle size measurement (Shell Petrol. Comp., Ltd., London, Techn. Rept. Nr. I CT/7 (1946)

FORSCHUNGSBERICHTE
DES WIRTSCHAFTS- UND VERKEHRSMINISTERIUMS
NORDRHEIN-WESTFALEN

Herausgegeben von Staatssekretär Prof. Leo Brandt

HEFT 1
Prof. Dr.-Ing. E. Flegler, Aachen
Untersuchungen oxydischer Ferromagnet-Werkstoffe
1952, 20 Seiten, DM 6,75

HEFT 2
Prof. Dr. W. Fuchs, Aachen
Untersuchungen über absatzfreie Teeröle
1952, 32 Seiten, 5 Abb., 6 Tabellen, DM 10,—

HEFT 3
Techn.-Wissenschaftl. Büro für die Bastfaserindustrie, Bielefeld
Untersuchungsarbeiten zur Verbesserung des Leinenwebstuhls
1952, 44 Seiten, 7 Abb., 3 Tabellen, DM 12,50

HEFT 4
Prof. Dr. E. A. Müller und Dipl.-Ing. H. Spitzer, Dortmund
Untersuchungen über die Hitzebelastung in Hüttenbetrieben
1952, 28 Seiten, 5 Abb., 1 Tabelle, DM 9,—

HEFT 5
Dipl.-Ing. W. Fister, Aachen
Prüfstand der Turbinenuntersuchungen
1952, 40 Seiten, 30 Abb., 3 Schaltbilder, DM 1,—

HEFT 6
Prof. Dr. W. Fuchs, Aachen
Untersuchungen über die Zusammensetzung und Verwendbarkeit von Schwelteerfraktionen
1952, 36 Seiten, DM 10.50

HEFT 7
Prof. Dr. W. Fuchs, Aachen
Untersuchungen über emsländisches Petrolatum
1952, 36 Seiten, 1 Abb., 17 Tabellen, DM 10,50

HEFT 8
M. E. Meffert und H. Stratmann, Essen
Algen-Großkulturen im Sommer 1951
1953, 52 Seiten, 4 Abb., 20 Tabellen, DM 9,75

HEFT 9
Techn.-Wissenschaftl. Büro für die Bastfaserindustrie, Bielefeld
Untersuchungen über die zweckmäßige Wicklungsart von Leinengarnkreuzspulen unter Berücksichtigung der Anwendung hoher Geschwindigkeiten des Garnes
Vorversuche für Zetteln und Schären von Leinengarnen auf Hochleistungsmaschinen
1952, 48 Seiten, 7 Abb., 7 Tabellen, DM 9,25

HEFT 10
Prof. Dr. W. Vogel, Köln
„Das Streifenpaar" als neues System zur mechanischen Vergrößerung kleiner Verschiebungen und seine technischen Anwendungsmöglichkeiten
1953, 20 Seiten, 6 Abb., DM 4,50

HEFT 11
Laboratorium für Werkzeugmaschinen und Betriebslehre, Technische Hochschule Aachen
1. Untersuchungen über Metallbearbeitung im Fräsvorgang mit Hartmetallwerkzeugen und negativem Spanwinkel
2. Weiterentwicklung des Schleifverfahrens für die Herstellung von Präzisionswerkstücken unter Vermeidung hoher Temperaturen
3. Untersuchung von Oberflächenveredlungsverfahren zur Steigerung der Belastbarkeit hochbeanspruchter Bauteile
1953, 80 Seiten, 61 Abb., DM 15,75

HEFT 12
Elektrowärme-Institut, Langenberg (Rhld.)
Induktive Erwärmung mit Netzfrequenz
1952, 22 Seiten 6 Abb., DM 5,20

HEFT 13
Techn.-Wissenschaftl. Büro für die Bastfaserindustrie, Bielefeld
Das Naßspinnen von Bastfasergarnen mit chemischen Zusätzen zum Spinnbad
1953, 52 Seiten, 4 Abb., 19 Tabellen, DM 10,—

HEFT 14
Forschungsstelle für Acetylen, Dortmund
Untersuchungen über Aceton als Lösungsmittel für Acetylen
1952, 64 Seiten, 10 Abb., 26 Tabellen, DM 12,25

HEFT 15
Wäschereiforschung Krefeld
Trocknen von Wäschestoffen
1953, 48 Seiten, 14 Abb., 2 Tabellen, DM 9,—

HEFT 16
Max-Planck-Institut für Kohlenforschung, Mülheim a. d. Ruhr
Arbeiten des MPI für Kohlenforschung
1953, 104 Seiten, 9 Abb., DM 17,80

HEFT 17
Ingenieurbüro Herbert Stein, M.-Gladbach
Untersuchung der Verzugsvorgänge in den Streckwerken verschiedener Spinnereimaschinen. 1. Bericht: Vergleichende Prüfung mit verschiedenen Dickenmeßgeräten
1952, 36 Seiten, 15 Abb., DM 8,—

HEFT 18
Wäschereiforschung Krefeld
Grundlagen zur Erfassung der chemischen Schädigung beim Waschen
1953, 68 Seiten, 15 Abb., 15 Tabellen, DM 12,75

HEFT 19
Techn.-Wissenschaftl. Büro für die Bastfaserindustrie, Bielefeld
Die Auswirkung des Schlichtens von Leinengarnketten auf den Verarbeitungswirkungsgrad, sowie die Festigkeit und Dehnungsverhältnisse der Garne und Gewebe
1953, 48 Seiten, 1 Abb., 9 Tabellen, DM 9,—

HEFT 20
Techn.-Wissenschaftl. Büro für die Bastfaserindustrie, Bielefeld
Trocknung von Leinengarnen I
Vorgang und Einwirkung auf die Garnqualität
1953, 62 Seiten, 18 Abb., 5 Tabellen, DM 12,—

HEFT 21
Techn.-Wissenschaftl. Büro für die Bastfaserindustrie, Bielefeld
Trocknung von Leinengarnen II
Spulenanordnung und Luftführung beim Trocknen von Kreuzspulen
1953, 66 Seiten, 22 Abb., 9 Tabellen, DM 13,—

HEFT 22
Techn.-Wissenschaftl. Büro für die Bastfaserindustrie, Bielefeld
Die Reparaturanfälligkeit von Webstühlen
1953, 28 Seiten, 7 Abb., 5 Tabellen, DM 5,80

HEFT 23
Institut für Starkstromtechnik, Aachen
Rechnerische und experimentelle Untersuchungen zur Kenntnis der Metadyne als Umformer von konstanter Spannung auf konstanten Strom
1953, 52 Seiten, 20 Abb., 4 Tafeln, DM 9,75

HEFT 24
Institut für Starkstromtechnik, Aachen
Vergleich verschiedener Generator-Metadyne-Schaltungen in bezug auf statisches Verhalten
1952, 44 Seiten, 23 Abb., DM 8,50

HEFT 25
Gesellschaft für Kohlentechnik mbH., Dortmund-Eving
Struktur der Steinkohlen und Steinkohlen-Kokse
1953, 58 Seiten, DM 11,—

HEFT 26
Techn.-Wissenschaftl. Büro für die Bastfaserindustrie, Bielefeld
Vergleichende Untersuchungen zweier neuzeitlicher Ungleichmäßigkeitsprüfer für Bänder und Garne hinsichtlich ihrer Eignung für die Bastfaserspinnerei
1953, 64 Seiten, 30 Abb., DM 12,50

HEFT 27
Prof. Dr. E. Schratz, Münster
Untersuchungen zur Rentabilität des Arzneipflanzenanbaues Römische Kamille, Anthemis nobilis L.
1953, 16 Seiten, 1 Tabelle, DM 3,60

HEFT 28
Prof. Dr. E. Schratz, Münster
Calendula officinalis L. Studien zur Ernährung, Blütenfüllung und Rentabilität der Drogengewinnung
1953, 24 Seiten, 2 Abb., 3 Tabellen, DM 5,20

HEFT 29
Techn.-Wissenschaftl. Büro für die Bastfaserindustrie, Bielefeld
Die Ausnützung der Leinengarne in Geweben
1953, 100 Seiten, 14 Abb., 10 Tabellen, DM 17,80

HEFT 30
Gesellschaft für Kohlentechnik mbH., Dortmund-Eving
Kombinierte Entaschung und Verschwelung von Steinkohle; Aufarbeitung von Steinkohlenschlämmen zu verkokbarer oder verschwelbarer Kohle
1953, 56 Seiten, 16 Abb., 10 Tabellen, DM 10,50

HEFT 31
Dipl.-Ing. A. Stormanns, Essen
Messung des Leistungsbedarfs von Doppelsteg-Kettenförderern
1954, 54 Seiten, 18 Abb., 3 Anlagen, DM 11,—

HEFT 32
Techn.-Wissenschaftl. Büro für die Bastfaserindustrie, Bielefeld
Der Einfluß der Natriumchloridbleiche auf Qualität und Verwebbarkeit von Leinengarnen und die Eigenschaften der Leinengewebe unter besonderer Berücksichtigung des Einsatzes von Schützen- und Spulenwechselautomaten in der Leinenweberei
1953, 64 Seiten, 2 Abb., 12 Tabellen, DM 11,50

HEFT 33
Kohlenstoffbiologische Forschungsstation e. V.
Eine Methode zur Bestimmung von Schwefeldioxyd und Schwefelwasserstoff in Rauchgasen und in der Atmosphäre
1953, 32 Seiten, 8 Abb., 3 Tabellen, DM 6.50

HEFT 34
Textilforschungsanstalt Krefeld
Quellungs- und Entquellungsvorgänge bei Faserstoffen
1953, 52 Seiten, 13 Abb., 13 Tabellen, DM 9,80

WESTDEUTSCHER VERLAG · KÖLN UND OPLADEN

HEFT 35
Professor Dr. W. Kast, Krefeld
Feinstrukturuntersuchungen an künstlichen Zellulosefasern verschiedener Herstellungsverfahren.
Teil I: Der Orientierungszustand
1953, 74 Seiten, 30 Abb., 7 Tabellen, DM 13,80

HEFT 36
Forschungsinstitut der feuerfesten Industrie, Bonn
Untersuchungen über die Trocknung von Rohton
Untersuchungen über die chemische Reinigung von Silika- und Schamotte-Rohstoffen mit chlorhaltigen Gasen
1953, 60 Seiten, 5 Abb., 5 Tabellen, DM 11,—

HEFT 37
Forschungsinstitut der feuerfesten Industrie, Bonn
Untersuchungen über den Einfluß der Probenvorbereitung auf die Kaltdruckfestigkeit feuerfester Steine
1953, 40 Seiten, 2 Abb., 5 Tabellen, DM 7,80

HEFT 38
Forschungsstelle für Acetylen, Dortmund
Untersuchungen über die Trocknung von Acetylen zur Herstellung von Dissousgas
1953, 36 Seiten, 11 Abb., 3 Tabellen, DM 6,80

HEFT 39
Forschungsgesellschaft Blechverarbeitung e. V., Düsseldorf
Untersuchungen an prägegemusterten und vorgelochten Blechen
1953, 46 Seiten, 34 Abb., DM 9,50

HEFT 40
Landesgeologe Dr.-Ing. W. Wolff, Amt für Bodenforschung, Krefeld
Untersuchungen über die Anwendbarkeit geophysikalischer Verfahren zur Untersuchung von Spateisengängen im Siegerland
1953, 46 Seiten, 8 Abb., DM 8,80

HEFT 41
Techn.-Wissenschaftl. Büro für die Bastfaserindustrie, Bielefeld
Untersuchungsarbeiten zur Verbesserung des Leinenwebstuhles II
1953, 40 Seiten, 4 Abb., 5 Tabellen, DM 7,80

HEFT 42
Professor Dr. B. Helferich, Bonn
Untersuchungen über Wirkstoffe — Fermente — in der Kartoffel und die Möglichkeit ihrer Verwendung
1953, 58 Seiten, 9 Abb., DM 11,—

HEFT 43
Forschungsgesellschaft Blechverarbeitung e. V., Düsseldorf
Forschungsergebnisse über das Beizen von Blechen
1953, 48 Seiten, 38 Abb., 2 Tabellen, DM 11,30

HEFT 44
Arbeitsgemeinschaft für praktische Dehnungsmessung, Düsseldorf
Eigenschaften und Anwendungen von Dehnungsmeßstreifen
1953, 68 Seiten, 43 Abb., 2 Tabellen, DM 13,70

HEFT 45
Losenhausenwerk Düsseldorfer Maschinenbau AG., Düsseldorf
Untersuchungen von störenden Einflüssen auf die Lastgrenzenanzeige von Dauerschwingprüfmaschinen
1953, 36 Seiten, 11 Abb., 3 Tabellen, DM 7,25

HEFT 46
Prof. Dr. W. Fuchs, Aachen
Untersuchungen über die Aufbereitung von Wasser für die Dampferzeugung in Benson-Kesseln
1953, 58 Seiten, 18 Abb., 9 Tabellen, DM 11,20

HEFT 47
Prof. Dr.-Ing. K. Krekeler, Aachen
Versuche über die Anwendung der induktiven Erwärmung zum Sintern von hochschmelzenden Metallen sowie zur Anlegierung und Vergütung von aufgespritzten Metallschichten mit dem Grundwerkstoff
1954, 66 Seiten, 39 Abb., DM 13,90

HEFT 48
Max-Planck-Institut für Eisenforschung, Düsseldorf
Spektrochemische Analyse der Gefügebestandteile in Stählen nach ihrer Isolierung
1953, 38 Seiten, 8 Abb., 5 Tabellen, DM 7,80

HEFT 49
Max-Planck-Institut für Eisenforschung, Düsseldorf
Untersuchungen über Ablauf der Desoxydation und die Bildung von Einschlüssen in Stählen
1953, 52 Seiten, 19 Abb., 3 Tabellen, DM 12,40

HEFT 50
Max-Planck-Institut für Eisenforschung, Düsseldorf
Flammenspektralanalytische Untersuchung der Ferritzusammensetzung in Stählen
1953, 44 Seiten, 15 Abb., 4 Tabellen, DM 8,60

HEFT 51
Verein zur Förderung von Forschungs- und Entwicklungsarbeiten in der Werkzeugindustrie e. V., Remscheid
Untersuchungen an Kreissägeblättern für Holz, Fehler- und Spannungsprüfverfahren
1953, 50 Seiten, 23 Abb., DM 10,—

HEFT 52
Forschungsstelle für Acetylen, Dortmund
Untersuchungen über den Umsatz bei der explosiblen Zersetzung von Azetylen
a) Zersetzung von gasförmigem Azetylen
b) Zersetzung von an Silikagel adsorbiertem Azetylen
1954, 48 Seiten, 8 Abb., 10 Tabellen, DM 9,25

HEFT 53
Professor Dr.-Ing. H. Opitz, Aachen
Reibwert und Verschleißmessungen an Kunststoffgleitführungen für Werkzeugmaschinen
1954, 38 Seiten, 18 Abb., DM 8,20

HEFT 54
Professor Dr.-Ing. F. A. F. Schmidt, Aachen
Schaffung von Grundlagen für die Erhöhung der spez. Leistung und Herabsetzung des spez. Brennstoffverbrauches bei Ottomotoren mit Teilbericht über Arbeiten an einem neuen Einspritzverfahren
1954, 34 Seiten, 15 Abb., DM 7,40

HEFT 55
Forschungsgesellschaft Blechverarbeitung e. V. Düsseldorf
Chemisches Glänzen von Messing und Neusilber
1954, 50 Seiten, 21 Abb., 1 Tabelle, DM 10,20

HEFT 56
Forschungsgesellschaft Blechverarbeitung e. V., Düsseldorf
Untersuchungen über einige Probleme der Behandlung von Blechoberflächen
1954, 52 Seiten, 42 Abb., DM 11,20

HEFT 57
Prof. Dr.-Ing. F. A. F. Schmidt, Aachen
Untersuchungen zur Erforschung des Einflusses des chemischen Aufbaues des Kraftstoffes auf sein Verhalten im Motor und in Brennkammern von Gasturbinen
1954, 70 Seiten, 32 Abb., DM 14,60

HEFT 58
Gesellschaft für Kohlentechnik mbH., Dortmund
Herstellung und Untersuchung von Steinkohlenschwelteer
1954, 74 Seiten, 9 Abb., 9 Tabellen, DM 13,75

HEFT 59
Forschungsinstitut der Feuerfest-Industrie e. V., Bonn
Ein Schnellanalysenverfahren zur Bestimmung von Aluminiumoxyd, Eisenoxyd und Titanoxyd in feuerfestem Material mittels organischer Farbreagenzien auf photometrischem Wege
Untersuchungen des Alkali-Gehaltes feuerfester Stoffe mit dem Flammenphotometer nach Riehm-Lange
1954, 62 Seiten, 12 Abb., 3 Tabellen, DM 11,60

HEFT 60
Forschungsgesellschaft Blechverarbeitung e. V., Düsseldorf
Untersuchungen über das Spritzlackieren im elektrostatischen Hochspannungsfeld
1954, 82 Seiten, 53 Abb., 7 Tabellen, DM 17,—

HEFT 61
Verein zur Förderung von Forschungs- und Entwicklungsarbeiten in der Werkzeugindustrie e. V., Remscheid
Schwingungs- und Arbeitsverhalten von Kreissägeblättern für Holz
1954, 54 Seiten, 31 Abb., DM 11,40

HEFT 62
Professor Dr. W. Franz, Institut für theoretische Physik der Universität Münster
Berechnung des elektrischen Durchschlags durch feste und flüssige Isolatoren
1954, 36 Seiten, DM 7,—

HEFT 63
Textilforschungsanstalt Krefeld
Neue Methoden zur Untersuchung der Wirkungsweise von Textilhilfsmitteln
Untersuchungen über Schlichtungs- und Entschlichtungsvorgänge
1954, 34 Seiten, 1 Abb., 5 Tabellen, DM 6,80

HEFT 64
Textilforschungsanstalt Krefeld
Die Kettenlängenverteilung von hochpolymeren Faserstoffen
Über die fraktionierte Fällung von Polyamiden
1954, 44 Seiten, 13 Abb., DM 8,60

HEFT 65
Fachverband Schneidwarenindustrie, Solingen
Untersuchungen über das elektrolytische Polieren von Tafelmesserklingen aus rostfreiem Stahl
1954, 90 Seiten, 38 Abb., 9 Tabellen, DM 17,35

HEFT 66
Dr.-Ing. P. Füsgen VDI †, Düsseldorf
Untersuchungen über das Auftreten des Ratterns bei selbsthemmenden Schneckengetrieben und seine Verhütung
1954, 32 Seiten, 5 Abb., DM 6,60

HEFT 67
Heinrich Wösthoff o. H. G., Apparatebau, Bochum
Entwicklung einer chemisch-physikalischen Apparatur zur Bestimmung kleinster Kohlenoxyd-Konzentrationen
1954, 94 Seiten, 48 Abb., 2 Tabellen, DM 18,25

HEFT 68
Kohlenstoffbiologische Forschungsstation e. V., Essen
Algengroßkulturen im Sommer 1952
II. Über die unsterile Großkultur von Scenedesmus obliquus
1954, 62 Seiten, 3 Abb., 29 Tabellen, DM 11,40

HEFT 69
Wäschereiforschung Krefeld
Bestimmung des Faserabbaues bei Leinen unter besonderer Berücksichtigung der Leinengarnbleiche
1954, 48 Seiten, 15 Abb., 3 Tabellen, DM 9,60

HEFT 70
Wäschereiforschung Krefeld
Trocknen von Wäschestoffen
1954, 52 Seiten, 18 Abb., 3 Tabellen, DM 10,—

HEFT 71
Prof. Dr.-Ing. K. Leist, Aachen
Kleingasturbinen, insbesondere zum Fahrzeugantrieb
1954, 114 Seiten, 85 Abb., DM 22,—

HEFT 72
Prof. Dr.-Ing. K. Leist, Aachen
Beitrag zur Untersuchung von stehenden geraden Turbinengittern mit Hilfe von Druckverteilungsmessungen
1954, 152 Seiten, 111 Abb., DM 36,20

HEFT 73
Prof. Dr.-Ing. K. Leist, Aachen
Spannungsoptische Untersuchungen von Turbinenschaufelfüßen
1954, 66 Seiten, 46 Abb., 2 Tabellen, DM 14,60

HEFT 74
Max-Planck-Institut für Eisenforschung, Düsseldorf
Versuche zur Klärung des Umwandlungsverhaltens eines sonderkarbidbildenden Chromstahls
1954, 58 Seiten, 10 Abb., DM 14,—

HEFT 75
Max-Planck-Institut für Eisenforschung, Düsseldorf
Zeit-Temperatur-Umwandlungs-Schaubilder als Grundlage der Wärmebehandlung der Stähle
1954, 44 Seiten, 13 Abb., DM 8,70

HEFT 76
Max-Planck-Institut für Arbeitsphysiologie, Dortmund
Arbeitstechnische und arbeitsphysiologische Rationalisierung von Mauersteinen
1954, 52 Seiten, 12 Abb., 3 Tabellen, DM 10,20

HEFT 77
Meteor Apparatebau Paul Schmeck GmbH., Siegen
Entwicklung von Leuchtstoffröhren hoher Leistung
1954, 46 Seiten, 12 Abb., 2 Tabellen, DM 9,15

HEFT 78
Forschungsstelle für Acetylen, Dortmund
Über die Zustandsgleichung des gasförmigen Acetylens und das Gleichgewicht Acetylen — Aceton
1954, 42 Seiten, 3 Abb., 8 Tabellen, DM 8,—

HEFT 79
Techn.-Wissenschaftl. Büro für die Bastfaserindustrie, Bielefeld
Trocknung von Leinengarnen III
Spinnspulen- und Spinnkopstrocknung
Vorgang und Einwirkung auf die Garnqualität
1954, 74 Seiten, 18 Abb., 10 Tabellen, DM 14,—

WESTDEUTSCHER VERLAG · KÖLN UND OPLADEN

HEFT 80
Techn.-Wissenschaftl. Büro für die Bastfaserindustrie, Bielefeld
Die Verarbeitung von Leinengarn auf Webstühlen mit und ohne Oberbau
1954, 30 Seiten, 2 Abb., 2 Tabellen, DM 6,—

HEFT 81
Prüf- und Forschungsinstitut für Ziegeleierzeugnisse, Essen-Kray
Die Einführung des großformatigen Einheits-Gitterziegels im Lande Nordrhein-Westfalen
1954, 54 Seiten, 2 Abb., 2 Tabellen, DM 10,—

HEFT 82
Vereinigte Aluminium-Werke AG., Bonn
Forschungsarbeiten auf dem Gebiet der Veredelung von Aluminium-Oberflächen
1954, 46 Seiten, 34 Abb., DM 9,60

HEFT 83
Prof. Dr. S. Strugger, Münster
Über die Struktur der Proplastiden
1954, 30 Seiten, 15 Abb., DM 8,40

HEFT 84
Dr. H. Baron, Düsseldorf
Über Standardisierung von Wundtextilien
1954, 32 Seiten, DM 6,40

HEFT 85
Textilforschungsanstalt Krefeld
Physikalische Untersuchungen an Fasern, Fäden, Garnen und Geweben:
Untersuchungen am Knickscheuergerät nach Weltzien
1954, 40 Seiten, 11 Abb., 8 Tabellen, DM 10,—

HEFT 86
Prof. Dr.-Ing. H. Opitz, Aachen
Untersuchungen über das Fräsen von Baustahl sowie über den Einfluß des Gefüges auf die Zerspanbarkeit
1954, 108 Seiten, 73 Abb., 7 Tabellen, DM 22,—

HEFT 87
Gemeinschaftsausschuß Verzinken, Düsseldorf
Untersuchungen über Güte von Verzinkungen
1954, 68 Seiten, 56 Abb., 3 Tabellen, DM 15,30

HEFT 88
Gesellschaft für Kohlentechnik mbH., Dortmund-Eving
Oxydation von Steinkohle mit Salpetersäure
1954, 62 Seiten, 2 Abb., 1 Tabelle, DM 11,50

HEFT 89
Verein Deutscher Ingenieure, Gleitlagerforschung, Düsseldorf
und Prof. Dr.-Ing. G. Vogelpohl, Göttingen
Versuche mit Preßstoff-Lagern für Walzwerke
1954, 70 Seiten, 34 Abb., DM 14,10

HEFT 90
Forschungs-Institut der Feuerfest-Industrie, Bonn
Das Verhalten von Silikasteinen im Siemens-Martin-Ofengewölbe
1954, 62 Seiten, 15 Abb., 11 Tabellen, DM 11,90

HEFT 91
Forschungs-Institut der Feuerfest-Industrie, Bonn
Untersuchungen des Zusammenhangs zwischen Leistung und Kohlenverbrauch von Kammeröfen zum Brennen von feuerfesten Materialien
1954, 42 Seiten, 6 Abb., DM 8,30

HEFT 92
Techn.-Wissenschaftl. Büro für die Bastfaserindustrie, Bielefeld
und Laboratorium für textile Meßtechnik, M.-Gladbach
Messungen von Vorgängen am Webstuhl
1954, 76 Seiten, 45 Abb., DM 15,50

HEFT 93
Prof. Dr. W. Kast, Krefeld
Spinnversuche zur Strukturerfassung künstlicher Zellulosefasern
1954, 82 Seiten, 39 Abb., 6 Tabellen, DM 16,—

HEFT 94
Prof. Dr. G. Winter, Bonn
Die Heilpflanzen des MATTHIOLUS (1611) gegen Infektionen der Harnwege und Verunreinigung der Wunden bzw. zur Förderung der Wundheilung im Lichte der Antibiotikaforschung
1954, 58 Seiten, 1 Abb., 2 Tabellen, DM 11,50

HEFT 95
Prof. Dr. G. Winter, Bonn
Untersuchungen über die flüchtigen Antibiotika aus der Kapuziner- (Tropaeolum maius) und Gartenkresse (Lepidium sativum) und ihr Verhalten im menschlichen Körper bei Aufnahme von Kapuziner- bzw. Gartenkressensalat per os
1955, 74 Seiten, 9 Abb., 25 Tabellen, DM 14,—

HEFT 96
Dr.-Ing. P. Koch, Dortmund
Austritt von Exoelektronen aus Metalloberflächen unter Berücksichtigung der Verwendung des Effektes für die Materialprüfung
1954, 34 Seiten, 13 Abb., DM 7,—

HEFT 97
Ing. H. Stein, Laboratorium für textile Meßtechnik, M.-Gladbach
Untersuchung der Verzugsvorgänge an den Streckwerken verschiedener Spinnereimaschinen
2. Bericht: Ermittlung der Haft-Gleiteigenschaften von Faserbändern und Vorgarnen
1955, 98 Seiten, 54 Abb., DM 21,—

HEFT 98
Fachverband Gesenkschmieden, Hagen
Die Arbeitsgenauigkeit beim Gesenkschmieden unter Hämmern
1955, 132 Seiten, 55 Abb., 9 Tabellen, DM 24,75

HEFT 99
Prof. Dr.-Ing. G. Garbotz, Aachen
Der Kraft- und Arbeitsaufwand sowie die Leistungen beim Biegen von Bewehrungsstählen in Abhängigkeit von den Abmessungen, den Formen und der Güte der Stähle (Ermittlung von Leistungsrichtlinien)
1955, 136 Seiten, 53 Abb., 3 Anlagen, 18 Tabellen, DM 30,—

HEFT 100
Prof. Dr.-Ing. H. Opitz, Aachen
Untersuchungen von elektrischen Antrieben, Steuerungen und Regelungen an Werkzeugmaschinen
1955, 166 Seiten, 71 Abb., 3 Tabellen, DM 31,30

HEFT 101
Prof. Dr.-Ing. H. Opitz, Aachen
Wirtschaftlichkeitsbetrachtungen beim Außenrundschleifen
1955, 100 Seiten, 56 Abb., 3 Tabellen, DM 19,30

HEFT 102
Dr. P. Hölemann, Ing. R. Hasselmann und Ing. G. Dix, Dortmund
Untersuchungen über die thermische Zündung von explosiblen Acetylenzersetzungen in Kapillaren
1954, 44 Seiten, 5 Abb., 4 Tabellen, DM 8,60

HEFT 103
Prof. Dr. W. Weizel, Bonn
Durchführung von experimentellen Untersuchungen über den zeitlichen Ablauf von Funken in komprimierten Edelgasen sowie zu deren mathematischen Berechnung
1955, 46 Seiten, 12 Abb., DM 9,10

HEFT 104
Prof. Dr. W. Weizel, Bonn
Über den Einfluß der Elektroden auf die Eigenschaften von Cadmium-Sulfid-Widerstands-Photozellen
1955, 48 Seiten, 12 Abb., DM 9,45

HEFT 105
Dr.-Ing. R. Meldau, Harsewinkel/Westf.
Auswertung von Gekörn — Analysen des Musterstaubes „Flugasche Fortuna I"
1955, 42 Seiten, 14 Abb., DM 8,50

HEFT 106
ORR. Dr.-Ing. W. Küch, Dortmund
Untersuchungen über die Einwirkung von feuchtigkeitsgesättigter Luft auf die Festigkeit von Leimverbindungen
1954, 60 Seiten, 10 Abb., 6 Tabellen, DM 11,40

HEFT 107
Prof. Dr. H. Lange und Dipl.-Phys. P. St. Pütter, Köln
Über die Konstruktion von Laboratoriumsmagneten
1955, 66 Seiten, 19 Abb., 1 Tabelle, DM 12,30

HEFT 108
Prof. Dr. W. Fuchs, Aachen
Untersuchungen über neue Beizmethoden und Beizabwässer
I. Die Entzunderung von Drähten mit Natriumhydrid
II. Die Aufbereitung von Beizabwässern
1955, 82 Seiten, 15 Abb., 14 Tabellen, 1 Falttafel, DM 15,25

HEFT 109
Dr. P. Hölemann und Ing. R. Hasselmann, Dortmund
Untersuchungen über die Löslichkeit von Azetylen in verschiedenen organischen Lösungsmitteln
1954, 42 Seiten, 10 Abb., 8 Tabellen, DM 8,30

HEFT 110
Dr. P. Hölemann und Ing. R. Hasselmann, Dortmund
Untersuchungen über den Druckverlauf bei der explosiblen Zersetzung von gasförmigem Azetylen
1955, 54 Seiten, 10 Abb., 5 Tabellen, DM 11,—

HEFT 111
Fachverband Steinzeugindustrie, Köln
Die Entwicklung eines Gerätes zur Beschickung seitlicher Feuer von Steinzeug-Einzelkammeröfen mit festen Brennstoffen
1955, 46 Seiten, 16 Abb., DM 9,40

HEFT 112
Prof. Dr.-Ing. H. Opitz, Aachen
Verschleißmessungen beim Drehen mit aktivierten Hartmetallwerkzeugen
1954, 44 Seiten, 17 Abb., 6 Tabellen, DM 8,80

HEFT 113
Prof. Dr. O. Graf, Dortmund
Erforschung der geistigen Ermüdung und nervösen Belastung: Studien über die vegetative 24-Stunden-Rhythmik in Ruhe und unter Belastung
1955, 40 Seiten, 12 Abb., DM 8,20

HEFT 114
Prof. Dr. O. Graf, Dortmund
Studien über Fließarbeitsprobleme an einer praxisnahen Experimentieranlage
1954, 34 Seiten, 6 Abb., DM 7,—

HEFT 115
Prof. Dr. O. Graf, Dortmund
Studium über Arbeitspausen in Betrieben bei freier und zeitgebundener Arbeit (Fließarbeit) und ihre Auswirkung auf die Leistungsfähigkeit
1955, 50 Seiten, 13 Abb., 2 Tabellen, DM 9,80

HEFT 116
Prof. Dr.-Ing. E. Siebel und Dr.-Ing. H. Weiss, Stuttgart
Untersuchungen an einigen Problemen des Tiefziehens — I. Teil
1955, 74 Seiten, 50 Abb., 5 Tabellen, DM 14,50

HEFT 117
Dr.-Ing. H. Beißwänger, Stuttgart, und Dr.-Ing. S. Schwandt, Trier
Untersuchungen an einigen Problemen des Tiefziehens — II. Teil
1955, 92 Seiten, 34 Abb., 8 Tabellen, DM 17,70

HEFT 118
Prof. Dr. E. A. Müller und Dr. H. G. Wenzel, Dortmund
Neuartige Klima-Anlage zur Erzeugung ungleicher Luft- und Strahlungstemperaturen in einem Versuchsraum
1955, 68 Seiten, 10 z. T. mehrfarb. Abb., DM 14,—

HEFT 119
Dr.-Ing. O. Viertel, Krefeld
Wäscherei- und energietechnische Untersuchung einer Gemeinschafts-Waschanlage
1955, 50 Seiten, 18 Abb., DM 10,20

HEFT 120
Dipl.-Ing. A. Weisbecker, Lüdenscheid
Über Anfressung an Reinstaluminium-Schweißnähten bei der elektrolytischen Oxydation
Gebr. Hörstermann GmbH., Velbert
Entwicklung und Erprobung eines neuartigen Gummibandförderers
1955, 46 Seiten, 18 Abb., DM 9,70

HEFT 121
Dr. H. Krebs, Bonn
I. Die Struktur und die Eigenschaften der Halbmetalle
II. Die Bestimmung der Atomverteilung in amorphen Substanzen
III. Die chemische Bindung in anorganischen Festkörpern und das Entstehen metallischer Eigenschaften
1955, 124 Seiten, 36 Abb., 13 Tabellen, DM 22,90

HEFT 122
Prof. Dr. W. Fuchs, Aachen
Untersuchungen zur Verbesserung der Wasseraufbereitung und Wasseranalyse:
Über die Schnellbewertung von Ionenaustauscher
1955, 62 Seiten, 32 Abb., DM 12,30

HEFT 123
Dipl.-Ing. J. Emondts, Aachen
Über Bodenverformungen bei stark gestörtem und wasserführendem Deckgebirge im Aachener Steinkohlengebiet
1955, 196 Seiten, 37 Abb., 10 Tabellen, DM 28,80

HEFT 124
Prof. Dr. R. Seyffert, Köln
Wege und Kosten der Distribution der Hausratwaren im Lande Nordrhein-Westfalen
1955, 74 Seiten, 25 Tabellen, DM 9,—

WESTDEUTSCHER VERLAG · KÖLN UND OPLADEN

HEFT 125
Prof. Dr. E. Kappler, Münster
Eine neue Methode zur Bestimmung von Kondensations-Koeffizienten von Wasser
1955, 46 Seiten, 11 Abb., 1 Tabelle, DM 9,10

HEFT 126
Prof. Dr.-Ing. J. Mathieu, Aachen
Arbeitszeitvergleich
Grundlagen, Methodik und praktische Durchführung
1955, 70 Seiten, DM 13,—

HEFT 127
Güteschutz Betonstein e. V., Arbeitskreis Nordrhein-Westfalen, Dortmund
Die Betonwaren-Gütesicherung im Lande Nordrhein-Westfalen
1955, 58 Seiten, 15 Abb., 3 Tabellen, DM 11,50

HEFT 128
Prof. Dr. O. Schmitz-DuMont, Bonn
Untersuchungen über Reaktionen in flüssigem Ammoniak
1955, 96 Seiten, 11 Abb., 6 Tabellen, DM 17,75

HEFT 129
Prof. Dr.-Ing. J. Mathieu und Dr. C. A. Roos, Aachen
Die Anlernung von Industriearbeitern
I. Ergebnisse einer grundsätzlichen Untersuchung der gegenwärtigen Industriearbeiter-Kurzanlernung
1955, 106 Seiten, DM 19,70

HEFT 130
Prof. Dr.-Ing. J. Mathieu und Dr. C. A. Roos, Aachen
Die Anlernung von Industriearbeitern
II. Beiträge zur Methodenfrage der Kurzanlernung
1955, 108 Seiten, DM 19,90

HEFT 131
Dr. W. Hoerburger, Köln
Versuche zur Biosynthese von Eiweiß aus Kohlenwasserstoff
1955, 34 Seiten, 2 Abb., DM 6,90

HEFT 132
Prof. Dr. W. Seith, Münster
Über Diffusionserscheinungen in festen Metallen
1955, 42 Seiten, 19 Abb., 4 Tabellen, DM 9,10

HEFT 133
Prof. Dr. E. Jenckel, Aachen
Über einen für Schwermetalle selektiven Ionenaustauscher
1955; 48 Seiten, 8 Abb., 13 Tabellen, DM 9,50

HEFT 134
Prof. Dr.-Ing. H. Winterhager, Aachen
Über die elektrochemischen Grundlagen der Schmelzfluß-Elektrolyse von Bleisulfid in geschmolzenen Mischungen mit Bleichlorid
1955, 54 Seiten, 20 Abb., 5 Tabellen, DM 11,80

HEFT 135
Prof. Dr.-Ing. K. Krekeler und Dr.-Ing. H. Peukert, Aachen
Die Änderung der mechanischen Eigenschaften thermoplastischer Kunststoffe durch Warmrecken
1955, 54 Seiten, 27 Abb., DM 11,10

HEFT 136
Dipl.-Phys. P. Pilz, Remscheid
Über spezielle Probleme der Zerkleinerungstechnik von Weichstoffen
1955, 58 Seiten, 19 Abb., 2 Tabellen, DM 11,50

HEFT 137
Prof. Dr. W. Baumeister, Münster
Beiträge zur Mineralstoffernährung der Pflanzen
1955, 64 Seiten, 6 Tabellen, DM 11,80

HEFT 138
Dr. P. Hölemann und Ing. R. Hasselmann, Dortmund
Untersuchungen über die Zersetzungswärme von gasförmigem und in Azeton gelöstem Azetylen
1955, 54 Seiten, 8 Abb., 7 Tabellen, DM 10,40

HEFT 139
Prof. Dr. W. Fuchs, Aachen
Studien über die thermische Zersetzung der Kohle und die Kohlendestillatprodukte
1955, 64 Seiten, 20 Abb., 22 Tabellen, DM 11,80

HEFT 140
Dr.-Ing. G. Hausberg, Essen
Modellversuche an Zyklonen
1955, 78 Seiten, 24 Abb., DM 15,70

HEFT 141
Dr. J. van Calker und Dr. R. Wienecke, Münster
Untersuchungen über den Einfluß dritter Analysenpartner auf die spektrochemische Analyse
1955, 42 Seiten, 15 Abb., DM 9,10

HEFT 142
Dipl.-Ing. G. M. F. Wiebel, Hannover, A. Konermann und A. Ottenheym, Sennelager
Entwicklung eines Kalksandleichtsteines
1955, 38 Seiten, 4 Abb., DM 8,—

HEFT 143
Prof. Dr. F. Wever, Dr. A. Rose und Dipl.-Ing. W. Straßburg, Düsseldorf
Härtbarkeit und Umwandlungsverhalten der Stähle
1955, 50 Seiten, 12 Abb., 3 Tabellen, DM 10,70

HEFT 144
Prof. Dr. H. Wurmbach, Bonn
Steuerung von Wachstum und Formbildung
1955, 48 Seiten, 19 Abb., DM 10,30

HEFT 145
Dr. G. Hennemann, Werdohl (Westf.)
Beitrag zur Interpretation der modernen Atomphysik
1955, 34 Seiten, DM 10,—

HEFT 146
Dr.-Ing. F. Gruß, Düsseldorf
Sterilisation mit Heißluft
1955, 34 Seiten, 10 Abb., DM 7,70

HEFT 147
Dr.-Ing. W. Rudisch, Unna
Untersuchung einer drehelastischen Elektromagnet-Synchronkupplung
1955, 82 Seiten, 65 Abb., DM 17,70

HEFT 148
Prof. Dr. H. Bittel u. Dipl.-Phys. L. Storm, Münster
Untersuchungen über Widerstandsrauschen
1955, 40 Seiten, 5 Abb., DM 8,40

HEFT 149
Dipl.-Ing. K. Konopicky und Dipl.-Chem. P. Kampa, Bonn
I. Beitrag zur flammenphotometrischen Bestimmung des Calciums.
Dr.-Ing. K. Konopicky, Bonn
II. Die Wanderung von Schlackenbestandteilen in feuerfesten Baustoffen
1955, 54 Seiten, 10 Abb., 5 Tabellen, DM 11,—

HEFT 150
Prof. Dr.-Ing. O. Kienzle und Dipl.-Ing. W. Timmerbeil, Hannover
Das Durchziehen enger Kragen an ebenen Fein- und Mittelblechen
1955, 52 Seiten, 20 Abb., 8 Tabellen, DM 11,30

HEFT 151
Dipl.-Ing. P. Karabasch, Aachen
Feststellung des optimalen Gasgehaltes von Bronzen zur Erzielung druckdichter Gußstücke
1956, 64 Seiten, 31 Abb., 5 Tabellen, DM 13,90

HEFT 152
Dipl.-Ing. G. Müller, Köln
Ermittlung der Laufeigenschaften (Vergießbarkeit) von Bronze und Rotguß mittels der Schneider-Gießspirale
1955, 60 Seiten, 33 Abb., DM 13,30

HEFT 153
Prof. Dr. F. Wever, Dr.-Ing. W. A. Fischer und Dipl.-Ing. J. Engelbrecht, Düsseldorf
I. Die Reduktion sauerstoffhaltiger Eisenschmelzen im Hochvakuum mit Wasserstoff und Kohlenstoff
II. Einfluß geringer Sauerstoffgehalte auf das Gefüge und Alterungsverhalten von Reineisen
1955, 54 Seiten, 15 Abb., 2 Tabellen, DM 12,40

HEFT 154
Prof. Dr.-Ing. P. Bardenheuer und Dr.-Ing. W. A. Fischer, Düsseldorf
Die Verschlackung von Titan aus Stahlschmelzen im sauren und basischen Hochfrequenzofen unter verschiedenen Schlacken
1955, 36 Seiten, 10 Abb., 1 Tabelle, DM 7,95

HEFT 155
Dipl.-Phys. K. H. Schirmer, München
Die auf Grau abgestimmte Farbwiedergabe im Dreifarbenbuchdruck
1955, 46 Seiten, 17 Abb., 2 Farbtafeln, DM 10,—

HEFT 156
Prof. Dr.-Ing. B. von Borries und Mitarbeiter, Düsseldorf
Die Entwicklung regelbarer permanentmagnetischer Elektronenlinsen hoher Brechkraft und eines mit ihnen ausgerüsteten Elektronenmikroskopes neuer Bauart
1956, 102 Seiten, 52 Abb., DM 22,55

HEFT 157
Dr. W. Jawtusch, Dr. G. Schuster und Prof. Dr.-Ing. R. Jaeckel, Bonn
Untersuchungen über die Stoßvorgänge zwischen neutralen Atomen und Molekülen
1955, 48 Seiten, 15 Abb., 3 Tabellen, DM 10,50

HEFT 158
Dipl.-Ing. W. Rosenkranz, Meinerzhagen
Ein Beitrag zum Problem der Spannungskorrosion bei Preßprofilen und Preßteilen aus Aluminium-Legierungen
1956, 112 Seiten, 61 Abb., 5 Tabellen, DM 27,40

HEFT 159
Dr.-Ing. O. Viertel und O. Oldenroth, Krefeld
Das Bleichen von Weißwäsche mit Wasserstoffsuperoxyd bzw. Natriumhypochlorit beim maschinellen Waschen
1955, 54 Seiten, 23 Abb., 2 Tabellen, DM 11,45

HEFT 160
Prof. Dr. W. Klemm, Münster
Über neue Sauerstoff- und Fluor-haltige Komplexe
1955, 50 Seiten, 13 Abb., 7 Tabellen, DM 10,80

HEFT 161
Prof. Dr. W. Weltzien und Dr. G. Hauschild, Krefeld
Über Silikone und ihre Anwendung in der Textilveredlung
1955, 162 Seiten, 22 Abb., 10 Tabellen, DM 27,—

HEFT 162
Prof. Dr. F. Wever, Prof. Dr. A. Kochendörfer und Dr.-Ing. Chr. Rohrbach, Düsseldorf
Kennzeichnung der Sprödbruchneigung von Stählen durch Messung der Fließspannung, Reißspannung und Brucheinschnürung an dreiachsig beanspruchten Proben
1955, 58 Seiten, 26 Abb., DM 13,—

HEFT 163
Dipl.-Ing. W. Rohs und Text.-Ing. H. Griese, Bielefeld
Untersuchungsarbeiten zur Verbesserung des Leinenwebstuhls III
1955, 80 Seiten, 15 Abb., 18 Tabellen, DM 15,80

HEFT 164
Dr.-Ing. H. Schmachtenberg, Köln
Neuartige Prüfeinrichtungen für Kraftfahrzeuge
1955, 44 Seiten, 23 Abb., DM 9,60

HEFT 165
Dr.-Ing. W. Wilhelm, Aachen
Instationäre Gasströmung im Auspuffsystem eines Zweitaktmotors
1955, 62 Seiten, 31 Abb., 8 Tabellen, DM 13,60

HEFT 166
Prof. Dr. M. v. Stackelberg, Dr. H. Heindze, Dr. H. Hübschke und Dr. K. H. Frangen, Bonn
Kolloidchemische Untersuchungen
1955, 106 Seiten, 8 Abb., 13 Tabellen, DM 21,25

HEFT 167
Prof. Dr.-Ing. F. Schuster, Essen
I. Über die Heißkarburierung von Brenngasen mit Ölen und Teeren
II. Die Strahlungsvorgänge in brennstoffbeheizten Öfen bei verschiedenen Verbrennungsatmosphären
1955, 38 Seiten, 8 Abb., DM 8,30

HEFT 168
Prof. Dr.-Ing. F. Schuster, Essen
I. Luftvorwärmung an Gasfeuerungen
II. Heizwerthöhe von Brenngasen und Wirkungsgrad sowie Gasverbrauch bei der Gasverwendung
III. Sauerstoffangereicherte Luft und feuerungstechnische Kenngrößen von Brenngasen
1955, 60 Seiten, 18 Abb., DM 12,50

HEFT 169
Forschungsinstitut für Pigmente und Lacke, Stuttgart
Arbeiten über die Bestimmung des Gebrauchswertes von Lackfilmen durch physikalische Prüfungen
1955, 70 Seiten, 23 Abb., 4 Tabellen, DM 15,—

HEFT 170
Prof. Dr. F. Wever, Dr. A. Rose und Dipl.-Ing. L. Rademacher, Düsseldorf
Anwendung der Umwandlungsschaubilder auf Fragen der Werkstoffauswahl beim Schweißen und Flammhärten
1955, 64 Seiten, 25 Abb., DM 13,70

HEFT 171
Wäschereiforschung Krefeld
Untersuchung der Wäscheentwässerung mit Hilfe von Zentrifugen und Pressen
1955, 42 Seiten, 16 Abb., 4 Tabellen, DM 9,70

HEFT 172
Dipl.-Ing. W. Rohs, Dr.-Ing. G. Satlow und Text.-Ing. G. Heller, Bielefeld
Trocknung von Hanfgarnen. Kreuzspultrocknung
1955, 60 Seiten, 7 Abb., 4 Tabellen, DM 10,30

HEFT 173
Prof. Dr. R. Hosemann und Dipl.-Phys. G. Schoknecht, Berlin, vorgelegt von Prof. Dr. W. Kast, Krefeld
Lichtoptische Herstellung und Diskussion der Faltungsquadrate parakristalliner Gitter
1956, 108 Seiten, 63 Abb., 6 Tabellen, DM 24,70

HEFT 174
Prof. Dr. W. von Fragstein, Dr. J. Meingast und H. Hoch, Köln
Herstellung von Solen einheitlicher Teilchengröße und Ermittlung ihrer optischen Eigenschaften
1955, 78 Seiten, 80 Abb., 4 Tabellen, DM 18,25

HEFT 175
Dr.-Ing. H. Zeller, Aachen
Beitrag zur eindimensionalen stationären und nichtstationären Gasströmung mit Reibung und Wärmeleitung insbesondere in Rohren mit unstetigen Querschnittsänderungen
1956, 138 Seiten, 56 Abb., DM 29,30

HEFT 176
Dipl.-Ing. H. Schöberl, Duisburg
Über die Methoden zur Ermittlung der Verbrennungstemperatur von Brennstoffen und ein Vorschlag zu ihrer Verbesserung
1955, 30 Seiten, 3 Abb., DM 6,50

HEFT 177
Dipl.-Ing. H. Stüdemann, Solingen, und Dr.-Ing. W. Müchler, Essen
Entwicklung eines Verfahrens zur zahlenmäßigen Bestimmung der Schneideigenschaften von Messerklingen
1956, 104 Seiten, 68 Abb., 4 Tabellen, DM 22,20

HEFT 178
Prof. Dr. M. von Stackelberg u. Dr. W. Hans, Bonn
Untersuchungen zur Ausarbeitung und Verbesserung von polarographischen Analysenmethoden
1955, 46 Seiten, 14 Abb., DM 10,50

HEFT 179
Dipl.-Ing. H. F. Reineke, Bochum
Entwicklungsarbeiten auf dem Gebiete der Meß- und Regeltechnik
1955, 46 Seiten, 10 Abb., DM 10,—

HEFT 180
Dr.-Ing. W. Piepenburg, Dipl.-Ing. B. Bühling und Bauing. J. Behnke, Köln
Putzarbeiten im Hochbau und Versuche mit aktiviertem Mörtel und mechanischem Mörtelauftrag
1955, 116 Seiten, 31 Abb., 68 Tabellen, DM 23,—

HEFT 181
Prof. Dr. W. Franz, Münster
Theorie der elektrischen Leitvorgänge in Halbleitern und isolierenden Festkörpern bei hohen elektrischen Feldern
1955, 28 Seiten, 2 Abb., 1 Tabelle, DM 6,20

HEFT 182
Dr.-Ing. P. Schenk u. Dr. K. Osterloh, Düsseldorf
Katalytisch-thermische Spaltung von gasförmigen und flüssigen Kohlenwasserstoffen zur Spitzengaserzeugung
1955, 50 Seiten, 11 Abb., 11 Tabellen, DM 10,90

HEFT 183
Dr. W. Bornheim, Köln
Entwicklungsarbeiten an Flaschen- und Ampullen-Behandlungsmaschinen für die pharmazeutische Industrie
1956, 48 Seiten, 24 Abb., DM 11,70

HEFT 184
Dr.-Ing. E. Printz, Kettwig
Vollhydraulische Parallel-Kupplung für Ackerschlepper
1955, 32 Seiten, 4 Abb., DM 7,80

HEFT 185
Dipl.-Ing. W. Rohs und Text.-Ing. G. Heller, Bielefeld
Studien an einem neuzeitlichen Kreuzspultrockner für Bastfasergarne mit Wiederbefeuchtungszone
1955, 52 Seiten, 9 Abb., 3 Tabellen, DM 10,70

HEFT 186
Dr. E. Wedekind, Krefeld
Untersuchungen zur Arbeitsbestgestaltung bei der Fertigstellung von Oberhemden in gewerblichen Wäschereien
1955, 124 Seiten, 28 Abb., 6 Tabellen, 2 Falttaf., DM 12,—

HEFT 187
Dipl.-Ing. F. Göttgens, Essen
Über die Eigenarten der Bimetall-, Thermo- und Flammenionisationssicherungsmethode in ihrer Anwendung auf Zündsicherungen
1955, 40 Seiten, 6 Abb., 4 Tabellen, DM 8,40

HEFT 188
W. Kinnebrock, Langenberg (Rhld.)
Der Einfluß des Austausches gleicher Gaskochbrenner bzw. Gaskochbrennerteile auf den Wirkungsgrad und insbesondere auf den CO-Gehalt der Verbrennungsgase
1955, 42 Seiten, 7 Tabellen, DM 8,70

HEFT 189
Fa. E. Leybold's Nachfolger, Köln
I. Ausgewählte Kapitel aus der Vakuumtechnik
II. Zum Verlust anorganisch-nichtflüchtiger Substanzen während der Gefriertrocknung
1955, 52 Seiten, 16 Abb., 3 Tabellen, DM 11,20

HEFT 190
Prof. Dr. A. Neuhaus, Prof. Dr. O. Schmitz-DuMont und Dipl.-Chem. H. Reckhard, Bonn
Zur Kenntnis der Alkalititanate
1955, 60 Seiten, 13 Abb., 1 Tabelle, DM 12,20

HEFT 191
Dr. H. Söhngen, Darmstadt
Schwingungsverhalten eines Schaufelkranzes im Vakuum
1955, 36 Seiten, 7 Abb., DM 7,80

HEFT 192
Dipl.-Phys. E. M. Schneider, München
Kohlebogenlampen für Aufnahme und Kopie
1955, 48 Seiten, 21 Abb., 3 Tabellen, DM 10,60

HEFT 193
Prof. Dr. O. Schmitz-DuMont, Bonn
Untersuchungen über neue Pigmentfarbstoffe
1956, 50 Seiten, 16 Abb., 8 Tabellen, DM 11,20

HEFT 194
Dr. K. Hecht, Köln
Entwicklung neuartiger physikalischer Unterrichtsgeräte
1955, 42 Seiten, 16 Abb., DM 9,90

HEFT 195
Dr.-Ing. E. Rößger, Köln
Gedanken über einen neuen deutschen Luftverkehr
1955, 342 Seiten, 29 Abb., 122 Tabellen, DM 50,—

HEFT 196
Dipl.-Ing. W. Rohs, und Text.-Ing. H. Griese, Bielefeld
Auswirkungen von Garnfehlern bei der Verarbeitung von Leinengarnen
1955, 36 Seiten, 3 Abb., 6 Tabellen, DM 7,80

HEFT 197
Dr. E. Wedekind, Krefeld
Untersuchungen zur Bestimmung der optimalen Arbeitsplatzgröße bei Mehrstuhlarbeit in der Weberei
1955, 92 Seiten, 34 Abb., 2 Tabellen, DM 18,50

HEFT 198
Prof. Dr. J. Weissinger, Karlsruhe
Zur Aerodynamik des Ringflügels. Die Druckverteilung dünner, fast drehsymmetrischer Flügel in Unterschallströmung
1955, 42 Seiten, 5 Abb., DM 9,—

HEFT 199
Textilforschungsanstalt Krefeld
Die Messung von Gewebetemperaturen mittels Temperaturstrahlung
1955, 50 Seiten, 12 Abb., DM 10,90

HEFT 200
R. Seipenbusch, Langenberg (Rhld.)
Spitzengas durch Zusatz von Flüssiggas-Wassergas- und Flüssiggas-Generatorgas-Gemischen zu Stadtgas
1955, 48 Seiten, 21 Abb., DM 10,35

HEFT 201
Dr.-Ing. E. W. Pleines, Frankfurt/Main
Die Sicherheit im Luftverkehr
1956, 194 Seiten, 39 Abb., 19 Tabellen, DM 39,45

HEFT 202
Dipl.-Ing. D. Fiecke, Stuttgart/Zuffenhausen
Die Bestimmung der Flugzeugpolaren für Entwurfszwecke. I. Teil: Unterlagen
in Vorbereitung

HEFT 203
Dr. G. Wandel, Bonn
Uferbesiedlung und Lebendverbauung an den Nordwestdeutschen Kanälen und ihren Zuflüssen sowie an der Ruhr
in Vorbereitung

HEFT 204
Dipl.-Ing. B. Naendorf, Langenberg (Rhld.)
Bestimmung der Brenneigenschaften und des Brennverhaltens verschiedener Gasarten und Einfluß verschiedener Düsengestaltung
1955, 32 Seiten, DM 7,10

HEFT 205
Dr. C. Schaarwächter, Düsseldorf
Über plastische Kupfer-Eisen-Phosphor-Legierungen
1956, 36 Seiten, 10 Abb., 10 Tabellen, DM 8,30

HEFT 206
Dr. P. Hölemann, Ing. R. Hasselmann und Ing. G. Dix, Dortmund
Untersuchungen über die Vorgänge bei der Zersetzung von in Azeton gelöstem Azetylen
1956, 74 Seiten, 7 Abb., 7 Tabellen, DM 15,55

HEFT 207
Prof. Dr.-Ing. H. Opitz, Dipl.-Ing. K. H. Fröhlich und Dipl.-Ing. H. Siebel, Aachen
Richtwerte für das Fräsen von unlegierten und legierten Baustählen mit Hartmetall. I. Teil
in Vorbereitung

HEFT 208
Prof. Dr.-Ing. H. Müller, Essen
Untersuchung von Elektrowärmegeräten für Laienbedienung hinsichtlich Sicherheit und Gebrauchsfähigkeit. I. Untersuchungen an Kochplatten
in Vorbereitung

HEFT 209
Dr. K. Bunge, Leverkusen
Materialabbau in Funkenentladungen. Untersuchungen an Zinkkathoden
1956, 54 Seiten, 10 Abb., 5 Tabellen, DM 11,40

HEFT 210
Dr. W. Porschen und Prof. Dr. W. Riezler, Bonn
Langlebige Alphaaktivitäten bei natürlichen Elementen
1955, 40 Seiten, 5 Abb., 4 Tabellen, DM 8,80

HEFT 211
Prof. Dipl.-Ing. W. Sturtzel und Dr.-Ing. W. Graff, Duisburg
Die Versuchsanstalt für Binnenschiffbau, Duisburg
1956, 48 Seiten, 22 Abb., DM 11,—

HEFT 212
Dipl.-Ing. H. Spodig, Selm
Untersuchung zur Anwendung der Dauermagnete in der Technik
1955, 44 Seiten, 25 Abb., DM 9,80

HEFT 213
Dipl.-Ing. K. F. Rittinghaus, Aachen
Zusammenstellung eines Meßwagens für Bau- und Raumakustik
in Vorbereitung

HEFT 214
Dr.-Ing. J. Endres, München
Berechnung der optimalen Leistungen, Kraftstoffverbräuche und Wirkungsgrade bei Einkreis-Turbolader-Strahltriebwerken am Boden und in der Höhe bei Fluggeschwindigkeiten von 0—2000 km/h
1956, 72 Seiten, 18 Abb., 8 Tabellen, DM 15,40

HEFT 215
Prof. Dr.-Ing. H. Opitz und Dr.-Ing. G. Weber, Aachen
Einfluß der Wärmebehandlung von Baustählen auf Spanentstehung, Schnittkraft- und Standzeitverhalten
in Vorbereitung

HEFT 216
Dr. E. Kloth, Köln
Untersuchungen über die Ausbreitung kurzer Schallimpulse bei der Materialprüfung mit Ultraschall
1956, 90 Seiten, 60 Abb., 4 Tabellen, DM 19,40

HEFT 217
Rationalisierungskuratorium der Deutschen Wirtschaft (RKW), Frankfurt/Main
Typenvielzahl bei Haushaltgeräten und Möglichkeiten einer Beschränkung
1956, 328 Seiten, 2 Abb., 181 Tabellen, DM 49,50

HEFT 218
Dr. F. Keune, Aachen
Bericht über eine Theorie der Strömung um Rotationskörper ohne Anstellung bei Machzahl Eins
1955, 40 Seiten, 8 Abb., 5 Formelblätter, DM 8,80

HEFT 219
Prof. Dr. W. Fuchs, Aachen
Untersuchungen zur Holzabfallverwertung und zur Chemie des Lignins
1955, 54 Seiten, 11 Abb., 15 Tabellen, DM 11,40

WESTDEUTSCHER VERLAG · KÖLN UND OPLADEN

HEFT 220
Prof. Dr. W. Fuchs, Aachen
Die Entwicklung neuer Regel- und Kontroll-Apparate zur coulometrischen Analyse
1956, 76 Seiten, 17 Abb., 23 Tabellen, DM 15,50

HEFT 221
Dr. W. Meyer-Eppler, Bonn
Experimentelle Untersuchungen zum Mechanismus von Stimme und Gehör in der lautsprachlichen Kommunikation
1955, 56 Seiten, 24 Abb., DM 13,45

HEFT 222
Dr. L. Köllner, Münster, und Dipl.-Volkswirt M. Kaiser, Bochum
Die internationale Wettbewerbsfähigkeit der westdeutschen Wollindustrie
1956, 214 Seiten, DM 39,50

HEFT 223
Dr.-Ing. K. Alberti und Dr. F. Schwarz, Köln
Über das Problem Hartbrand - Weichbrand
1956, 54 Seiten, 25 Abb., 14 Tabellen, DM 12,10

HEFT 224
Dipl.-Ing. H. Stüdeman und Ing. R. Beu, Solingen
Verfahren zur Prüfung der Korrosionsbeständigkeit von Messerklingen aus rostfreiem Stahl
1956, 82 Seiten, 28 Abb., DM 16,90

HEFT 225
Dr.-Ing. E. Barz, Remscheid
Der Spannungszustand von Gattersägeblättern
in Vorbereitung

HEFT 226
Technisch-wissenschaftliches Büro für die Bastfaserindustrie, Bielefeld
Untersuchungen zur Verbesserung des Leinenwebstuhles IV
Die Wirkung verschiedener Kettbaumbremsen auf die Verwebung von Leinengarnen
1956, 64 Seiten, 9 Abb., 4 Tabellen, DM 13,50

HEFT 227
Prof. Dr. F. Wever, Düsseldorf und Dr. W. Wepner, Köln
Untersuchung der Alterungsneigung von weichen unlegierten Stählen durch Härteprüfung bei Temperaturen bis 300 Grad C
1956, 34 Seiten, 20 Abb., 3 Tabellen, DM 7,95

HEFT 228
Prof. Dr. F. Wever, Dr. W. Koch, Düsseldorf und Dr. B. A. Steinkopf, Dortmund
Spektrochemische Grundlagen der Analyse von Gemischen aus Kohlenmonoxyd, Wasserstoff und Stickstoff
in Vorbereitung

HEFT 229
Prof. Dr. F. Wever, Dr. W. Koch und Dr.-Ing. H. Malissa, Düsseldorf
Über die Anwendung disubstituierter Dithiocarbamate der analytischen Chemie
1956, 44 Seiten, 30 Abb., 5 Tabellen, DM 10,50

HEFT 230
Prof. Dr. F. Wever, Düsseldorf und Dr. W. Wepner, Köln
Bestimmung kleiner Kohlenstoffgehalte im Alpha-Eisen durch Dämpfungsmessung
1956, 34 Seiten, 5 Abb., 2 Tabellen, DM 7,70

HEFT 231
Dr.-Ing. W. Küch, Dortmund
Über die Wechselwirkung zwischen Holzschutzbehandlung und Verleimung
1956, 48 Seiten, 10 Abb., 8 Tabellen, DM 10,40

HEFT 232
Prof. Dr.-Ing. O. Kienzle, Hannover und Dr.-Ing. H. Münnich, Schweinfurt
Feststellung der Spannungen und Dehnungen und Bruchdrehzahlen der unter Fliehkraft und Bearbeitungskraft beanspruchten Schleifkörper
in Vorbereitung

HEFT 233
Dr. H. Haase, Hamburg
Infrarot-Bibliographie
1956, 90 Seiten, DM 17,80

HEFT 234
Dr.-Ing. K. G. Speith und Dr.-Ing. A. Bungeroth, Duisburg
Versuche zur Steigerung des Kokillen-Schluckvermögens beim Stranggießen von Stahl
1956, 26 Seiten, 5 Abb., DM 6,15

HEFT 235
Prof. Dr.-Ing. K. Leist und Dipl.-Ing. W. Dettmering, Aachen
Turbinenschaufeln aus Kunststoff für Kaltluftversuchsanlagen
1956, 46 Seiten, 43 Abb., 3 Tabellen, DM 12,30

HEFT 236
Dr.-Ing. O. Viertel und S. Lucas, Krefeld
Ergebnisse einer Hausfrauenbefragung über Wascheinrichtungen und Waschmethoden in städtischen Haushaltungen
1956, 34 Seiten, 4 Abb., DM 7,60

HEFT 237
Dr. P. Endler und Dr. H. Ludes, Köln
Bericht über eine Studienreise zur Orientierung der heutigen Behandlung der Lungentuberkulose in den Vereinigten Staaten von Nordamerika
1956, 32 Seiten, DM 7,10

HEFT 238
Institut für textile Meßtechnik, M.-Gladbach, e.V.
Untersuchung der Verzugsvorgänge an den Streckwerken verschiedener Spinnereimaschinen. 3. Bericht: Theoretische Betrachtungen über den Einfluß schlagender Zylinder und Druckrollen
in Vorbereitung

HEFT 239
Prof. Dr.-Ing. K. Leist und Dipl.-Ing. H. Scheele, Aachen und Dipl.-Ing. F. H. Flottmann, Herne
Versuche an einem neuartigen luftgekühlten Hochleistungs-Kolbenkompressor
in Vorbereitung

HEFT 240
Prof. Dr.-Ing. K. Leist und Dipl.-Ing. H. Scheele, Aachen
Temperaturmessungen an einem einstufigen luftgekühlten 4-Zylinder-Kolbenkompressor mit Kühlgebläse
in Vorbereitung

HEFT 241
Prof. Dr.-Ing. K. Leist und Dipl.-Ing. M. Pötke, Aachen
Leistungsversuche an einem Kühlluftgebläse
in Vorbereitung

HEFT 242
Prof. Dr.-Ing. K. Leist und Dipl.-Ing. K. Graf, Aachen
Straßenfahrzeuge mit Gasturbinenantrieb
in Vorbereitung

HEFT 243
Prof. Dr.-Ing. K. Leist und Dipl.-Ing. S. Förster, Aachen
Die französische Kleingasturbine Artouste – 1. Teil
in Vorbereitung

HEFT 244
Prof. Dr. F. Wever, Dr. W. Koch und Dr. S. Eckhard, Düsseldorf
Erfahrungen mit der spektrochemischen Analyse von Gefügebestandteilen des Stahles
1956, 32 Seiten, 8 Abb., 2 Tabellen, DM 7,80

HEFT 245
Prof. Dr.-Ing. K. Krekeler, Aachen
Das Verbinden von Metallen durch Kunstharzkleber. Teil I: Eigenschaften und Verwendung der Metallklebstoffe
1956, 48 Seiten, 8 Abb., DM 10,25

HEFT 246
Prof. Dr.-Ing. K. Krekeler, Aachen
Das Verbinden von Metallen durch Kunstharzkleber. Teil II: Untersuchungen an geklebten Leichtmetall-Verbindungen
in Vorbereitung

HEFT 247
Dr. H. Söhngen, Darmstadt
Strömung vor einem Überschall-Laufrad
1956, 26 Seiten, 4 Abb., DM 7,60

HEFT 248
Rheinische Aktiengesellschaft für Braunkohlenbergbau und Brikettfabrikation, Köln
Untersuchung der Bindemitteleigenschaften von Braunkohlenfilteraschen
in Vorbereitung

HEFT 249
Dr. M.-E. Meffert, Essen
Weitere Kulturversuche Scenedesmus obliquus
1956, 36 Seiten, 5 Abb., 10 Tabellen, DM 8,—

HEFT 250
Dr. F. Schwarz und Dr.-Ing. K. Alberti, Köln
Entwicklung von Untersuchungsverfahren zur Gütebeurteilung von Industriekalken
in Vorbereitung

HEFT 251
Prof. Dr. H. Bittel, Münster
Zur Statistik der ferromagnetischen Elementarvorgänge und ihren Einfluß auf das Barkhausenrauschen
in Vorbereitung

HEFT 252
Dipl.-Ing. H. Frings, Geilenkirchen
Die Wirkung abfallender Wetterführung auf Wettertemperatur, Grubengasgehalt und Staubbildung
in Vorbereitung

HEFT 253
Dipl.-Ing. S. Schirmanski, Berghausen
Stand und Auswertung der Forschungsarbeiten über Temperatur- und Feuchtigkeitsgrenzen bei der bergmännischen Arbeit
in Vorbereitung

HEFT 254
Prof. Dr. R. Danneel, Bonn
Quantitative Untersuchungen über die Entwicklung des Ehrlich-Ascitesturmos bei Inzuchtmäusen
in Vorbereitung

HEFT 255
Ing. B. v. Schlippe, Bad Nauheim
Strömung von Flüssigkeiten mit temperaturabhängiger Zähigkeit (Kühlung von Ölen)
1956, 54 Seiten, 12 Abb., 4 Tabellen, DM 11,70

HEFT 256
Prof. Dr. C. Schmieden und Dipl.-Math. K. H. Müller, Darmstadt
Die Strömung einer Quellstrecke im Halbraum – eine strenge Lösung der Navier-Stokes-Gleichungen
1956, 40 Seiten, 9 Abb., DM 8,80

HEFT 257
Prof. Dr. G. Lehmann und Dr. J. Tamm, Dortmund
Die Beeinflussung vegetativer Funktionen des Menschen durch Geräusche
in Vorbereitung

HEFT 258
Dr. H. Paul, Linz (Rhein) und Prof. Dr. O. Graf, Dortmund
Zur Frage der Unfälle im Bergbau
1956, 52 Seiten, 9 Abb., 22 Tabellen, DM 11,20

HEFT 259
Prof. Dr. W. Linke, Aachen
Strömungsvorgänge in künstlich belüfteten Räumen
1956, 52 Seiten, 37 Abb., 1 Tabelle, DM 11,80

HEFT 260
Prof. Dr. W. Kast, Freiburg (Br.), Prof. Dr. A. H. Stuart und Dipl.-Phys. H. G. Fendler, Hannover
Lichtzerstreuungsmessungen an Lösungen hochpolymerer Stoffe
in Vorbereitung

HEFT 261
Prof. Dr. W. Kast, Freiburg (Br.)
Feinstruktur-Untersuchungen an künstlichen Zellulosefasern verschiedener Herstellungsverfahren. Teil II: Der Kristallisationszustand
in Vorbereitung

HEFT 262
Dr.-Ing. W. Batel, Aachen
Untersuchungen zur Absiebung feuchter, feinkörniger Haufwerke und Schwingsieben
in Vorbereitung

HEFT 263
Prof. Dr. H. Lange und Dipl.-Phys. R. Kohlhaas, Köln
Über die Wärmeleitfähigkeit von Stählen bei hohen Temperaturen: Teil I: Literaturbericht
in Vorbereitung

HEFT 264
Prof. Dr. W. Weizel, Bonn
Durch schnelle Funkenzusammenbrüche ausgelöste Signale auf einer Leitung
1956, 26 Seiten, 4 Abb., 3 Tabellen, DM 6,10

HEFT 265
Prof. Dr. F. Micheel und Dr. R. Engel, Münster
Eine Apparatur zur elektrophoretischen Trennung von Stoffgemischen
in Vorbereitung

HEFT 266
Fliesen-Beratungsstelle Bad Godesberg-Mehlem
Güteeigenschaften keramischer Wand- und Bodenfliesen und deren Prüfmethoden
1956, 32 Seiten, DM 7,10

HEFT 267
Prof. Dr. W. Weizel und B. Brandt, Bonn
Zur Stabilität stromstarker Glimmentladungen
1956, 36 Seiten, 7 Abb., DM 8,40

HEFT 268
Prof. Dr.-Ing. G. Vogelpohl, Göttingen
Über die Tragfähigkeit von Gleitlagern und ihre Berechnung
in Vorbereitung

WESTDEUTSCHER VERLAG · KÖLN UND OPLADEN

HEFT 269
Markscheider R. Bals, Bochum
Eignung des Gebirgsankerausbaus zur Erleichterung des Streckenvortriebs im Steinkohlenbergbau
in Vorbereitung

HEFT 270
Dr. H. Krebs und Mitarbeiter, Bonn
Die Trennung von Racematen auf chromatographischem Wege
in Vorbereitung

HEFT 271
Prof. Dr.-Ing. H. Opitz und Dipl.-Ing. H. Axer, Aachen
Beeinflussung des Verschleißverhaltens bei spanenden Werkzeugen durch flüssige und gasförmige Kühlmittel und elektrische Maßnahmen
in Vorbereitung

HEFT 272
Prof. Dr. W. Fuchs und Dr. H. Dresia, Aachen
Untersuchungen über die Schnellverbrennung und Schnellvergasung fester Brennstoffe
in Vorbereitung

HEFT 273
Fa. K. W. Tacke G.m.b.H., Wuppertal-Barmen
Erfahrungen beim Verspinnen von Perlonfasern und bei der Herstellung von Trikotagen aus gesponnenem Perlon
in Vorbereitung

HEFT 274
Prof. Dr.-Ing. K. Krekeler und Dipl.-Ing. H. Verhoeven, Aachen
Qualitative Untersuchungen bei Verbindungsschweißungen mittels Lichtbogenschweißautomaten unter Verwendung von Blankdraht und Zugabe von ferromagnetischem Pulver als Umhüllung
in Vorbereitung

HEFT 275
Prof. Dr.-Ing. K. Krekeler und Dipl.-Ing. H. Verhoeven, Aachen
Qualitative Untersuchungen von Punktschweißverbindungen an Tiefzieh- und Aluminiumblechen, die nach dem Argonarc-Punktschweißverfahren hergestellt werden
in Vorbereitung

HEFT 276
Fa. E. Haage, Mülheim (Ruhr)
Entwicklungsarbeiten im Apparatebau für Laboratorien
in Vorbereitung

HEFT 277
Dr.-Ing. W. Müchler, Essen
Untersuchung und zahlenmäßige Bestimmung der Schneideigenschaften von Messern mit besonderer Berücksichtigung rostfreier Messerstähle
in Vorbereitung

HEFT 278
Dipl.-Ing. J. Stelter und Dipl.-Ing. H. Kickert, Aachen
I. Sichtbarmachung von Ultraschallfeldern unter Verwendung photographischer Emulsionsschichten
II. Methode zur Bestimmung der wirklichen Temperaturverhältnisse in Flüssigkeiten während der Beschallung (Nach einer Diplom-Arbeit von H. Schnitzler)
in Vorbereitung

HEFT 279
Dr. F. Keune, Aachen
Der gewölbte und verwundene Tragflügel ohne Dicke in Schallnähe
in Vorbereitung

HEFT 280
Dipl.-Ing. J. Stelter und Dipl.-Ing. E. Pfende, Aachen
Über Störerscheinungen bei Schallgeschwindigkeitsmessungen mittels der Interferometermethode
in Vorbereitung

HEFT 281
Prof. Dr.-Ing. K. Lürenbaum, Aachen
Der Meßwagen des Instituts für Maschinen-Dynamik der Deutschen Versuchsanstalt für Luftfahrt, Aachen
in Vorbereitung

HEFT 282
Bergrat a. D. Scherer, Bochum
Das B.T.-Schwelverfahren und seine Anwendung auf der Anlage Marienau
in Vorbereitung

HEFT 283
Prof. Dr. F. Wever und Dr.-Ing. W. Lueg, Düsseldorf
Warmstauchversuche zur Ermittlung der Formänderungsfestigkeit von Gesenkschmiede-Stählen
in Vorbereitung

HEFT 284
Prof. Dr. F. Wever, Düsseldorf, Dr.-Ing. H. J. Wiester, Essen, Dr.-Ing. F. W. Straßburg, Duisburg, Prof. Dr.-Ing. H. Opitz, Aachen, und Dr.-Ing. K. H. Fröhlich, Köln
Einfluß des Gefüges auf die Zerspanbarkeit von Einsatz- und Vergütungsstählen
in Vorbereitung

HEFT 285
Prof. Dr.-Ing. O. Kienzle, Dr.-Ing. K. Lange, Hannover, und Dipl.-Ing. H. Meinert, Osterode
Einfluß der Oberfläche auf das Verschleißverhalten von Schmiedegesenken
in Vorbereitung

HEFT 286
Dr.-Ing. K. Lange, Hannover, Dipl.-Ing. H. Meinert, Osterode, unter Mitarbeit von Dr.-Ing. H. Arend, Mülheim (Ruhr)
Verschleißverhalten hartverchromter Schmiedegesenke
in Vorbereitung

HEFT 287
Prof. Dr.-Ing. K. Krekeler, Aachen
Änderungen der mechanischen Eigenschaftswerte thermoplastischer Kunststoffe bei Beanspruchung in verschiedenen Medien
in Vorbereitung

HEFT 288
Dr. K. Brücker-Steinkuhl, Düsseldorf
Anwendung mathematisch-statistischer Verfahren in der Industrie
in Vorbereitung

HEFT 289
Prof. Dr.-Ing. H. Winterhager, Aachen
Kombinierter Widerstands- und Lichtbogen-Vakuumofen zur Verarbeitung von Titanschwamm
Prof. Dr. Dr. h. c. R. Schwarz, Aachen
Erforschung neuer Wege zur Darstellung von Titanmetall
in Vorbereitung

HEFT 290
Dr. D. Horstmann, Düsseldorf
I. Der verstärkte Angriff des Zinks auf Eisen im Temperaturgebiet um 500° C
II. Einfluß eines Antimongehaltes auf den Angriff von Zinkschmelzen auf Eisen
in Vorbereitung

HEFT 291
Dr.-Ing. H. J. Wiester und Dr. D. Horstmann, Düsseldorf
Der Angriff eisengesättigter Zinkschmelzen auf silizium- und manganhaltiges Eisen
in Vorbereitung

HEFT 292
Dipl.-Ing. W. Rohs und Text.-Ing. H. Griese, Bielefeld
Webversuche an Leinenwebstühlen mit verbesserter Schaftbewegung
in Vorbereitung

HEFT 293
Prof. J. W. Korte, unter Mitarbeit von Dipl.-Ing. P. A. Mäcke und Dipl.-Ing. W. Leutzbach, Aachen
Die Leistungsfähigkeit von Verkehrsanlagen des motorisierten städtischen Straßenverkehrs
in Vorbereitung

HEFT 294
Dipl.-Ing. B. Naendorf, Essen
Untersuchungen industrieller Gasbrenner
in Vorbereitung

HEFT 295
Prof. Dr.-Ing. H. Opitz und Dipl.-Ing. H. Axer, Aachen
Untersuchung und Weiterentwicklung neuartiger elektrischer Bearbeitungsverfahren
in Vorbereitung

HEFT 296
Prof. Dr.-Ing. H. Opitz, Aachen
I. Untersuchungen an elektronischen Regelantrieben
II. Statistische Untersuchungen zur Ausnutzung von Drehbänken
in Vorbereitung

HEFT 297
Dr. K. Schaarwächter, Düsseldorf
Die Reduktion von Siliziumtetrachlorid im Lichtbogen zur nachfolgenden Silizierung von Eisenblechen
in Vorbereitung

HEFT 298
Prof. Dr.-Ing. E. Oehler, Aachen
Untersuchung von kritischen Drehzahlen, die durch Kreiselmomente verursacht werden
in Vorbereitung

HEFT 299
Dr. J. Fassbender und W. Hoppe, Bonn
Eine photoelektrische Nachlaufeinrichtung für Analogie-Rechenmaschinen
in Vorbereitung

HEFT 300
Prof. Dr. E. Schütz und Privatdozent Dr. H. Caspers, Münster
Tierexperimentelle Untersuchungen über die Alkoholwirkungen auf Erregbarkeit und bioelektrische Spontanaktivität der Hirnrinde
in Vorbereitung

HEFT 301
Prof. Dr. W. Weltzien, Dr. G. Cossmann und P. Diehl, Krefeld
Über die fraktionierte Füllung von Polyamiden (II)
in Vorbereitung

HEFT 302
Prof. Dr.-Ing. W. Wegener und Dipl.-Ing. Willi Zahn, Aachen
Untersuchungen von gesponnenen Garnen auf ihre Gleichmäßigkeit nach verschiedenen Meßmethoden
in Vorbereitung

HEFT 303
Prof. Dr.-Ing. S. Kiesskalt, Aachen
Das Institut der Forschungsgesellschaft Verfahrenstechnik e. V. an der Technischen Hochschule Aachen
in Vorbereitung

HEFT 304
Prof. Dr.-Ing. K. Krekeler, Düsseldorf, und Dipl.-Ing. A. Kleine-Albers, Aachen
Beitrag zur thermoelastischen Warmformbarkeit von Hart PVC
in Vorbereitung

HEFT 305
Prof. Dr.-Ing. K. Krekeler, Düsseldorf, Dr.-Ing. H. Peukert, Aachen, und Dipl.-Ing. W. Schmitz, Siegburg
Heißgas-Schweißung von Hart-Polyvinylchlorid mit Zusatzwerkstoff
in Vorbereitung

HEFT 306
Prof. Dr. B. Rensch, Münster
Elektrophysiologische Untersuchungen zur Analysierung der Bildung von Assoziationen und Gedächtnisspuren in Gehirn und Rückenmark
Prof. Dr. A. Loeser, Münster
Akute und chronische Giftwirkungen sauerstoffhaltiger Lösungsmittel
in Vorbereitung

HEFT 307
Privatdozent Dr. J. Juilfs, Krefeld
Vergleichende Untersuchungen zur elastischen und bleibenden Dehnung von Fasern
in Vorbereitung

HEFT 308
Privatdozent Dr. J. Juilfs, Krefeld
Zur Messung der Fadenglätte
in Vorbereitung

HEFT 309
Prof. Dr. K. Cruse und Mitarbeiter, Clausthal-Zellerfeld
Aufbau und Arbeitsweise eines universell verwendbaren Hochfrequenz-Titrationsgerätes
in Vorbereitung

HEFT 310
Dr. P. F. Müller, Bonn
Die Integrieranlage des Rheinisch-Westfälischen Instituts für Instrumentelle Mathematik in Bonn
in Vorbereitung

HEFT 311
Prof. Dr. F. Wever und Dr. M. Hempel, Düsseldorf
Dauerschwingfestigkeit von Stählen bei erhöhten Temperaturen
Teil I: Erkenntnisse aus bisherigen Dauerschwingversuchen in der Wärme
in Vorbereitung

HEFT 312
Prof. Dr. F. Wever und Dr. M. Hempel, Düsseldorf
Dauerschwingfestigkeit von Stählen bei erhöhten Temperaturen
Teil II: Zug-Druck-Dauerschwingversuche an zwei warmfesten Stählen bei Temperaturen von 500 bis 650°
in Vorbereitung

HEFT 313
Prof. Dr. F. Wever, Dr. W. Koch und Dipl.-Phys. H. Rohde, Düsseldorf
Änderungen des Habitus und der Gitterkonstanten des Zementits in Chromstählen bei verschiedenen Wärmebehandlungen
in Vorbereitung

WESTDEUTSCHER VERLAG · KÖLN UND OPLADEN

HEFT 314
Prof. Dr. F. Wever und Dr.-Ing. A. Krisch, Düsseldorf, und Dr.-Ing. H.-J. Wiester, Essen
Veränderungen im Gefügeaufbau von Chrom-Nickel-Molybdän-Stählen bei langzeitiger Beanspruchung im Zeitstandversuch bei 500°
in Vorbereitung

HEFT 315
Prof. Dr. F. Wever und Dr.-Ing. A. Krisch, Düsseldorf
Metallkundliche Untersuchungen an Zeitstandproben
in Vorbereitung

HEFT 316
Dr. F. Keune, Aachen
Zusammenfassende Darstellung und Erweiterung des Aequivalenzsatzes für schallnahe Strömung
in Vorbereitung

HEFT 317
Dr.-Ing. J. Stelter, Aachen
Mikrobiologische Ultraschallwirkungen
in Vorbereitung

HEFT 318
Dipl.-Ing. H. Kickert, Aachen
Über die Ausbreitung von Ultraschall in Luft
in Vorbereitung

HEFT 319
Prof. Dr. C. Kröger, Aachen
Gemengereaktionen und Glasschmelze
in Vorbereitung

HEFT 320
Dr. H.-E. Caspary, Köln
Verwendung von Szintillationszählern anstelle von Zählrohren zur zerstörungsfreien Materialprüfung
in Vorbereitung

HEFT 321
Prof. Dr. F. Wever, Düsseldorf und Dr. W. Wepner, Köln
Gleichzeitige Bestimmung kleiner Kohlenstoff- und Stickstoffgehalte im α-Eisen durch Dämpfungsmessung
in Vorbereitung

HEFT 322
Prof. Dr.-Ing. F. Bollenrath und Dipl.-Ing. W. Domke, Aachen
Eigenspannungen in vergüteten, dickwandigen Stahlzylindern nach Oberflächenhärtung mit induktiver Erwärmung
in Vorbereitung

HEFT 323
Prof. Dr. R. Seyffert, Köln
Wege und Kosten der Distribution der Textilien, Schuh- und Lederwaren
in Vorbereitung

HEFT 324
Prof. Dr.-Ing. H. Opitz, Dr.-Ing. E. Saljé und Dipl.-Ing. K. E. Schwartz, Aachen
Richtwerte für das Außenrund-Längs- und Einstechschleifen
in Vorbereitung

HEFT 325
Prof. Dr. E. Schratz, Münster
Pharmakognostische Untersuchungen am Medizinal-Rhabarber

HEFT 326
Prof. Dr.-Ing. E. Essers und Mitarbeiter, Aachen
Deichselkräfte an Lastzügen
in Vorbereitung

HEFT 327
Prof. Dr.-Ing. K. Krekeler und Dr.-Ing. H. Peukert, Aachen
Beitrag zur thermoelastischen Formbarkeit von Polyäthylen
in Vorbereitung

HEFT 328
Dr. H. Maeder, Belo Horizonte
Schweißen von Temperguß
in Vorbereitung

HEFT 329
Dipl.-Ing. A. Krüger, Karlsruhe, und Feuerwehr-Ing. R. Radusch, Dortmund
Wasserzerstäubung im Strahlrohr
in Vorbereitung

HEFT 330
Dipl.-Physiker E. Pepping, Aachen
Die Durchflußzahl des Rechteckschlitzes in einer sehr großen Wand
in Vorbereitung

HEFT 331
Dipl.-Ing. G. Bretschneider, Ruit
Die Messung der wiederkehrenden Spannung mit Hilfe des Netzmodelles
in Vorbereitung

HEFT 332
Prof. Dr.-Ing. R. Jaeckel und Dr. G. Reich, Bonn
Messung von Dampfdrucken im Gebiet unter 10^{-2} Torr
in Vorbereitung

HEFT 333
Prof. Dipl.-Ing. W. Sturtzel und Dr.-Ing. W. Graff, Duisburg
I. Der Flachwassereinfluß auf den Form- und Reibungswiderstand von Binnenschiffen
II. Der Flachwassereinfluß auf die Nachstrom- und Sogverhältnisse bei Binnenschiffen
in Vorbereitung

HEFT 334
Prof. Dr. W. Weizel und Dr. G. Meister, Bonn
Spektralanalyse durch Messung des Interferenz-Kontrasts
in Vorbereitung

HEFT 335
Prof. Dr. W. Weizel und H. Hornberg, Bonn
Untersuchungen der anodischen Teile einer Glimmentladung
in Vorbereitung

HEFT 336
Dr. Tung-ping Yao, Aachen
Die Viskosität metallischer Schmelzen
in Vorbereitung

HEFT 337
Dr. R. Hoeppener und Dr. W. Bierther, Bonn
Tektonik und Lagerstätten im Rheinischen Schiefergebirge
in Vorbereitung

HEFT 338
Prof. Dr.-Ing. W. Wegener, Aachen, und Dipl.-Ing. J. Schneider, M.-Gladbach
Die Bedeutung der Knotenart für die Herabminderung der Fadenbrüche
in Vorbereitung

HEFT 339
Prof. Dr.-Ing. W. Wegener und Dipl.-Ing. W. Zahn, Aachen
Vergleich des normalen mit verschiedenen abgekürzten Baumwollspinnverfahren in bezug auf Gleichmäßigkeit und Sortierungsstreuung der Garne
in Vorbereitung

HEFT 340
Dipl.-Ing. W. Rohs und Dipl.-Ing. R. Otto, Bielefeld
Das Naßspinnen von Bastfasergarnen mit Spinnbadzusätzen unter Ausnutzung einer zentralen Spinnwasserversorgungsanlage
in Vorbereitung

HEFT 341
Prof. Dr.-Ing. H. Winterhager und Dipl.-Ing. L. Werner, Aachen
Präzisions-Meßverfahren zur Bestimmung des elektrischen Leitvermögens geschmolzener Salze
in Vorbereitung

HEFT 342
Prof. Dr.-Ing. H. Winterhager und Dipl.-Ing. W. Barthel, Aachen
Die Gewinnung von Titanschlackenkonzentraten aus eisenreichen Ilemniten
in Vorbereitung

HEFT 343
Prof. Dr.-Ing. W. Petersen, Aachen, und Dipl.-Ing. S. Wawroschek, Aachen
Die zweckmäßigsten Gütebestimmungsverfahren und Brikettierungsbedingungen bei der Erzeugung von Braunkohlen-Eisenerz-Briketts
in Vorbereitung

HEFT 344
Prof. Dr.-Ing. W. Fucks, Aachen
Zur Deutung einfachster mathematischer Sprachcharakteristiken
in Vorbereitung

HEFT 345
Dipl.-Ing. G. Cerbe und Dipl.-Ing. H. Monstadt, Essen
Konvektive Trocknung mit gasbeheizter Luft und Trocknung durch Gasstrahler
in Vorbereitung

HEFT 346
Dipl.-Ing. O. Arnold, Aachen
Erfahrungen mit Kernbohrungen zur Lagerstättenuntersuchung im Erzbergbau
in Vorbereitung

HEFT 347
S. Ruff, F. Kipp, H. Hansteen und G. Müller, Bonn
Untersuchungen zur Frage der Gehörschädigungen des fliegenden Personals der Propellerflugzeuge
in Vorbereitung

WESTDEUTSCHER VERLAG · KÖLN UND OPLADEN

If you have any concerns about our products,
you can contact us on
ProductSafety@springernature.com

In case Publisher is established outside the EU,
the EU authorized representative is:
**Springer Nature Customer Service Center GmbH
Europaplatz 3, 69115 Heidelberg, Germany**

Printed by Libri Plureos GmbH
in Hamburg, Germany